마흔의 우울

읽고 그리고 쓰는 나를 만나다   임재아 지음   이매진

마흔의 우울

마흔의 우울

읽고 그리고 쓰는 나를 만나다

1판 1쇄 2019년 10월 7일
지은이 임재아
펴낸곳 이매진 **펴낸이** 정철수
등록 2003년 5월 14일 제313-2003-0183호
주소 서울시 은평구 진관3로 15-45, 1018동 201호
전화 02-3141-1917 **팩스** 02-3141-0917
이메일 imaginepub@naver.com
블로그 blog.naver.com/imaginepub
인스타그램 @imagine_publish
ISBN 979-11-5531-109-7 (03810)

• 환경을 생각해 친환경 용지로 만들고 콩기름 잉크로 찍었습니다.
• 값은 뒤표지에 있습니다.
• 이 도서의 국립중앙도서관 출판시도서목록(CIP)은 서지정보유
  통지원시스템 홈페이지(http://seoji.nl.go.kr)와 국가자료공동목록
  시스템(http://www.nl.go.kr/kolisnet)에서 이용하실 수 있습니다
  (CIP 제어 번호: CIP2019036830).

"너 정신이
이상한 것 같아"

무기력하고, 우울하고, 자신감이 없고,
행동하고 싶지 않은 사람

무기력하고, 우울하고, 자신감이 없고, 행동하고 싶지 않은 사람

1. 자기인식

1) 자신에 대한 **부정적 관념**: 자신이 행복하기 어렵다고 <u>확신</u>한다.

2) 자신의 과거와 미래에 대한 <u>부정적인 생각</u>을 갖고 부정적인 <u>견문</u>으로 해석한다. 현재의 어려움이 계속될 것이라고 예상하고 **미래에 대한 실패만을 예측.**

우울 성향이 있는 사람은 자신이 얻기 어려운 **고정적이고 완벽주의적인 목표**를 갖는다. 이러한 생각은 자신들이 성공했을 때에도 다음에는 실패할 것이라고 **예측**한다. 주로 그들의 사고내용은 **실패감에 집중**되는데 이것은 **슬픔, 실망 ,무감동**의 정서적 상태를 낳는다.

2. 특성

1) **지나친 자기-비판: 자기증오**(나약함, 부적절함, 책임능력 부족).

2) **고통스런 감정을 경험.**

3) **외적요구, 문제 ,압력확대의 특성.**

3. 해결방법

— 자신의 **즐거움을 경험하도록 함. 유머사용**(고통스런 정서를 없애기 위한 방법).

1) 급하게 해결할 것의 우선순위 매김

2) 나의 가능한 능력을 나열해보기

3) 도움 요청할 내용 정리
   부모님
   형제자매
   선생님
   친구

주어진 일에 최선을 다했다. 살아가는 과정 자체가 의미였다. 돈을 주는 직장에 들어갔고, 아내를 만났고, 아이가 태어났다. 빚도 얻었다. 남들처럼 싸우고 화해하고 하면서 평범하게 살았다.

결혼한 지 10년이 지났다. 예쁘고 잘 웃던 아내는 눈초리가 매섭다. 이직한 회사는 구조 조정이 끝난 뒤 의욕이 없다. 육아는 기쁘지만 고통이 더 크다. 재미없는 회사를 어제도 가고, 오늘도 갔다. 내일도 가야 한다. 집에는 끝없는 집안일이 기다린다. 재미없다. 지루한 하루가 또 지나간다.

대기업으로 이직하면서 내심 기분이 좋았다. 그리 오래가지는 않았다. '형동생 문화' 때문이었다. 오래 근무한 사람들이 많아 자연스럽게 형성된 문화다. 짧게는 5년, 길게는 10년이 넘는다. 평균 8년을 같이 지낸 사이다. 의식적으로 불러주지 않으면 술자리에 낄 수도 없었다. 이런 곳에서는 술자리 또한 업무의 연장이다. 시작부터 아웃사이더였다. 5년을 같이 일했지만 여전히 아웃사이더였다.

가재는 게 편이고 팔은 안으로 굽는다고, 일에도 영향을 미쳤다. 자기들만의 프로젝트, 이해되지 않는 승진자, 아무도 책임지지 않는 실패한 프로젝트. 자기들은 모르지만 나한테는 좋은 안줏거리였다. 씹는 맛이 있었다. 아웃사이더의 특권이었다. 그러다 불똥이 튄다. 책임을 묻는다. 프로젝트의 일원이었고, 과장 직함이었다. 함께한 팀원들은 퇴사했거나 다른 팀으로 옮겨갔다. 혼자 남았다. 직속상관이 있지만 책임은 내 것이었다. 다시 구조 조정을 하면 영순위다.

아내의 눈초리가 매섭다. 언제부터 그런지 모른다. 싸움이 누적되면서 서서히 변한 것만 안다. 알콩달콩한 신혼이 있었다. 오래돼 가물거릴 뿐이다. 좋지 않은 감정으로 덧칠해서 그렇지 분명 있었다. 출근할 때 아침밥 차려주고 퇴근하면 저녁상 대령하는 아내였다. 예쁘게 웃는 아내가 있었다. 결혼하면 살이 찌듯 변해갔다. 무엇이 못마땅한지 매사가 날카롭다. 싸운 이유는 기억에 없다. 싸움만 남아 있다. 웃음이 사라졌다. 그 자리에 불평불만이 똬리를 틀었다.

두 번째 출근을 한다. 퇴근하고 들어온 집은 쉴 수 있는 공간이 아니다. 집안일이 쌓여 있다. 해도 해도 끝없는 집안일이 기다린다. 몸이 축난다. 몸만 힘들면 괜찮다. 긴장을 늦추면 큰 싸움이 벌어진다. 긴장하면 작은 싸움으로 막을 수 있다.

아픈 곳을 너무 잘 안다. 명치를 콕콕 찌른다. '상처 잘 주기 대회'가 있다면 우리 부부가 일등이다. 아픈 가슴은 타 들어간다. 이미 다 탄 듯한데 아직 탈 게 남았다. 다음날 다 풀린 척 출근한다. 반복하면 습관이 된다고 싸움도 습관이 됐다. 아픈 마음도 습관이 됐다. 아무렇지 않은 척하는 모습도 습관이 됐다. 일상이 됐다.

의지할 곳은 게임뿐이다. 출퇴근 시간에 할 수 있는 게임이 작은 숨구멍이었다. 게임 덕에 살 수 있었다. 전날 벌어진 싸움을 별것 아닌 일로 만들 수 있었다. 회피 심리였다. 아내는 게임하는 남편을 싫어한다. 끊었다고 말하고는 몰래 했다. 들켰다. 첫째 어린이집 친구의 아빠가 출근길에 게임하는 나를 봤다. 아내가 하는 잔소리는 참을 수 있었다. 거짓말은 미안한 짓이지만 마음 깊이 미안하지는 않았다. 뭐라고 해도 한 귀로 듣고 한 귀로 흘렸다. 내일도 모레도 작은 숨구멍이 있기 때문이다. 잔소리를 듣다가 한 장면이 떠올랐다. 그 친구가 첫째에게 묻는다.

"니네 아빠, 게임만 한다며?"

얼굴이 화끈했다. 심장 박동이 빨라졌다. 부끄러웠다. 아이 얼굴을 쳐다볼 수 없었다. 상상일 뿐인데 창피했다. 다음날 난생처음 게임을 끊기로 마음먹었다. 유일한 숨구멍을 포기하기로 했다.

게임 대신 책을 들었다. 읽을 수 없었다. 펼치면 졸렸다. 계속 읽었다. 읽지 않으면 게임을 했다. 마음먹었으니 꾹 참고 책을 열었다. 한 달에 한 권이 두 권이 되고, 세 권이 되더니 네 권이 됐다. 반복이 습관을 만든다. 독서 습관이 잡혔다. 지식도 늘었다. 책에서 은혜를 받았다. 부처의 자비가 이렇지 싶었다. 내 잘못을 알게 되고, 아내 잘못도 보였다. 이런저런 책 내용을 열심히 옮겨줬다. 이상하다. 아내가 거세게 화를 낸다. 또 싸웠다. 예전보다 더 심하게 다퉜다. 한참 싸우던 아내가 말한다.

"너 정신이 이상한 것 같아. 가서 상담 받아봐. 진짜 심해졌어."

상담은 한 번쯤 받아보고 싶었다. 책으로 많이 성장한 만큼 결과가 기대됐다. 모든 원인은 아내일 테고 말이다. 테스트지에 열심히 답을 달았다. 다음주에 결과가 나왔다. '우울증, 불안감, 대인 기피증, 낮은 자존감, 사회 부적응.'

독서로 내가 바뀌기를 기대하던 아내는 실망했다. 상담을 받으면 달라지겠지 하던 기대도 실망으로 바뀌었다. 또 희망 고문을 했다.

독서를 멈출 수는 없었다. 실망감에 한동안 책을 읽지 않았다. 다툼이 많아졌다. 분노 조절이 어려웠다. 책이 그나마 도움이 됐다. 아내를 이해하고 받아주고 안아주는 수준까지 되지는 못하지만, 나름 효과가 있었다. 책을 계속 읽었다. 일주일에 한두 권을 읽는다. 공허함이 생겼다. 새로운 뭔가를 알게 되지만 아는 것으로 끝났다. 다른 것이 필요했다.

크고 작은 강의를 찾아 들었다. 단톡방이 생겼다. 그중 '습관방'은 칭찬 릴레이를 한다. 대부분 가식적인데, 이런 칭찬이 힘이 된다. 인정받는 느낌이다. 위로받는 마음이다. 그동안 가슴이 많이 아팠구나 하고 깨달았다.

변화는 아주 천천히 다가온다. 알아채는 순간 이미 변해 있다. 외롭다, 힘들다, 재미없다, 짜증, 우울, 비난, 비평 같은 말들이 머릿속에 가득하다. 부정적 이미지다. 두더지 잡기 게임처럼 마구마구 솟아올랐다. 독서를 시작하면서 떠오르는 횟수가 줄었다. 그림의 기역자도 모르는 사람이 그림을 그린다. 습관방에 그림을 올린다. 작은 칭찬이 외로움을 벗겼다. 하루 푸시업 20개가 근육을 만들었다. 샤워할 때마다 가슴에 힘을 준다. 아무도 모르지만 흐뭇해한다. 일상이 재미있어졌다. 짜증나고 화나는 일은 여전히 있다. 관계에서 겪는 어려움은 없어지지 않았다. 다만 빈도수가 줄었다.

주변에 부부 관계가 좋은 사람이 거의 없다. 10쌍 중 1쌍만 괜찮다고 한다. 옆에 앉은 사람도 뒤에 앉은 사람도 비슷한 고민과 갈등에 시달린다. 위기의 중년, 불안한 중년이다.

내 이야기가 작은 위로가 되면 좋겠다. 위기에서 벗어날 실마리를

찾는다면 더 바랄 일이 없겠다. 끝으로 통 크게 허락해준 아내에게
미안하고 고맙다

차례

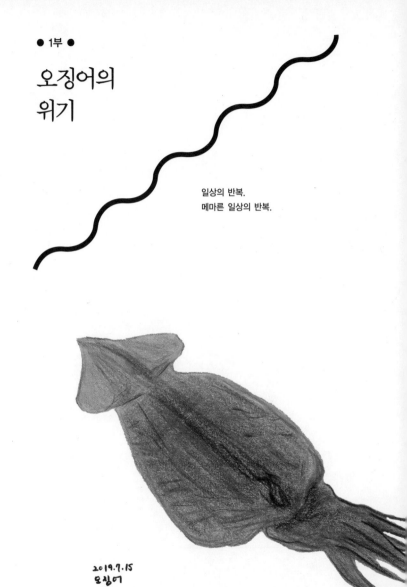

● 1부 ●

오징어의
위기

일상의 반복.
메마른 일상의 반복.

2019.7.15
오징어

●

평범하게 살고 있었다. 졸업하고, 취직하고, 결혼을 했다. 아이를 낳
았다. 열심히 회사를 다녔다. 돈을 벌어 모두 아내에게 줬다. 신혼 때
잘 웃던 아내는 언제부터 웃지 않는다. 화내는 일이 많아졌다. 곁에
오는 것도 싫어한다.

아이들 만나는 시간은 주말뿐이다. 눈에 넣어도 아프지 않을 우
리 아이들. 자기 생각이 생기자 말을 잘 안 듣는다. 이내 목소리가 커
진다. 아내의 말은 잘 듣는다. 이상하다. 뭐가 다른 거지?

열심히 다닌 회사도 이상하다. 전 회사에서는 능력을 인정받았다.
이 회사는 정반대 위치에 서 있다. 언제 잘려도 이상하지 않는 분위
기다. 열심히 했는데, 왜 이렇게 됐는지 한숨만 나온다.

고등학교 친구들을 만났다. 웃고 떠들고 신났다. 많이 마셨다. 다
음날, 무슨 이야기를 했는지 기억나지 않는다. 몸만 힘들 뿐이다. 며
칠 지나도 회복이 되지 않는다. 다음 약속을 잡지 않았다. 피하는 횟
수가 늘었다. 친구들은 나를 빼고 만나기 시작했다. 가끔 생각나서
연락하면 만나주지 않는다. 어쩌다 다시 만나도 시시콜콜한 얘기뿐
이다. 정치 이야기, 사회 이야기, 회사 이야기. 신변잡기에서 끝난다.
이제 연락도 뜸하다. 만나자고 해도 피하는 느낌을 지울 수 없다.

이런 삶을 원하지 않았다. 상상 속 40대는 이런 모습이 아니었다.
안정된 삶을 꿈꿨다. 능력을 인정받는 사람. 없으면 안 되는 사람. 많
은 연봉, 일 년에 한 번 해외여행. 웃으며 반기는 아내와 아이들.

지금의 나하고는 거리가 멀다. 빚은 늘고, 불안한 미래는 더 불안

하다. 아내하고 관계는 심상치 않다. 살얼음 위를 걷고 있다. 마음을 터놓고 말할 친구도 없다. 부모님은 고마운 존재이지만 불편하다. 뭐 하나 든든한 것이 없다. 불안하고 불편한 일상이다.

무미건조한 삶이다. 똑같은 하루가 반복된다. 이렇게 건조해지다가 마른 오징어가 되겠다.

●

믹스커피

'징~징~징~.'

머리맡에서 핸드폰 알람이 울린다. 눈이 떠지지 않는다. 알람을 끄고 다시 잔다. '징~징~징~.' 또 울리는 알람. 눈을 반쯤 뜬 상태로 화장실로 간다. 양치하고, 세수하고, 면도하고, 옷 갈아입고, 가방 챙기고, 집을 나선다. 싱크대에 놓인 음식물 쓰레기도 들고 나가야 한다. 아침밥을 안 먹은 지 오래됐다.

버스 정류장에 도착하면 핸드폰을 꺼낸다. 출근 시간은 1시간 30분이다. 게임을 하면 회사까지 금방이다. 긴 시간이 짧아진다.

"안녕하세요."

사무실에 들어서며 인사를 하고 자리에 앉는다. 가장 먼저 출근하는 K부장은 오늘도 인사를 받지 않는다. 모니터만 뚫어져라 쳐다보고 있다. 언젠가는 받아주기를 기대하며 오늘도 인사를 건넨다.

컴퓨터를 켜고, 믹스커피를 타고, 자리에 앉는다. 달달한 커피로 무료한 하루를 지탱한다. 바쁘게 돌아가는 일도 없다. 같이 일하는 사람들이 하나둘 출근한다. 모두 느긋하다. 지각하는 사람도 더러 있다. 다들 무표정한 얼굴로 인사한다. 누구에게 하는 인사인지 알 수 없다. 대답하는 사람이 아무도 없다.

한 차례 구조 조정이 지나갔다. 돈 되는 부서만 살아남았다. 사람들은 월급 걱정이 없다. 열심히 하지 않아도 매출은 꾸준하다. 모두 비슷한 마음으로, 큰 노력 없이 하루하루를 산다. 꾸준하던 매출은 점점 낮아지고 있다. 회사는 돌파구를 찾아야만 한다. 축구로 치면 플레이메이커가 필요하다. 열정적인 사람이 없다. 아이디어를 내는 사람도 없다. 곧 닥칠 위협을 다 알고 있지만 나서는 이가 없다. 시키면 시키는 대로 하고, 하라면 하라는 대로 하면서 살고 있다.

어제하고 비슷하게 무의미한 인사를 한다. 조용한 사무실. 사람들이 움직여야 정적이 깨진다. 회의실에서 나는 소리 덕에 여기가 회사라는 사실을 안다. 사람들이 한꺼번에 움직이면서 또 한 번 정적이 깨진다.

"식사하시죠?"

점심시간이다. 밥을 먹고 달달한 믹스커피를 마신다. 사무실로 바로 들어간다. 누구는 엎드려 자고, 누구는 만화를 보고, 누구는 빈 회의실에서 다리 뻗고 잔다. 오후 업무가 시작되면 사람들은 모니터에 눈을 고정한다. 몇 번 화장실을 오가고 한참을 앉아 있다가 우르르 나간다. 6시. 퇴근 시간이다.

"들어가보겠습니다."

회사를 나온다. 지하철역으로 걸어간다. 핸드폰을 꺼내 게임을 한다. 지하철 타고 버스 갈아타고 집에 도착한다. 핸드폰이 꺼지기 직전이다. 얼른 주머니에 넣고 게임을 하지 않은 척 현관문을 연다.

"나 왔어."

어지러운 거실. 한쪽에 보이는 빨래 무덤. 기저귀로 꽉 찬 쓰레기통. 설거짓거리가 쌓인 싱크대. 가방을 내려놓고 씻는다. 아내가 차린 저녁을 먹는다. 빨리 먹고 아이들 목욕을 시킨다. 책을 읽어준다. 아이들이 잠들면 집안일 시작이다. 깨지 않게 조용히 할 수 있는 일부터 한다. 장난감 제자리에 놓기, 책 정리하기, 세탁기 돌리기, 빨래 개기, 설거지, 때로는 분리수거. 12시를 넘겨야 침대에 누울 수 있다.

"휴!"

'징~ 징~ 징~.' 두 시간이나 잤을까, 알람이 울린다. 실눈을 뜨고 시계를 본다. 거짓말 같다. 벌써 6시간이 지났다니. 반쯤 감긴 눈으로 비틀거리며 화장실로 간다. 알람은 기상나팔이다. 믿고 싶지 않지만 현실이기 때문이다.

회의를 시작한다. 부장 두 사람이 이야기를 시작한다. 결론 없이 주고받는다. 젊은 친구들이 아이디어를 내라고 한다. 깜짝 놀란 사원이 조심스럽게 말을 꺼낸다. 부장은 안 되는 이유를 댄다. 말이 길어진다. 마라톤 회의가 될 수 있다. 참지 못했다.

"이제 정리 좀 해주시죠."

알았다고 하고서는 혼자 30분을 떠든다. 같은 말을 반복한다. 다들 지쳐갈 무렵 문서로 정리해 다음 회의 때 검토하기로 한다.

"정리해서 다음 회의 잡아."

회의실에서 몸이 나오듯 몸에서는 기가 빠져나간다. 달달한 믹스 커피가 필요하다.

모두 나태함에 젖어 있다. 일정이 밀려도 크게 상관하지 않는다. 한두 달 지연은 당연하다. 프로그램 개발이라는 일은 시간을 정확하게 가늠하기가 어렵지만, 한번 정해지면 그 일정을 맞추려고 끝없이 노력한다. 이 회사는 그런 노력을 하지 않는다. 밀리면 밀리는 대로 진행한다. 계획이 4달이면 8달 만에 끝낸다. 새로 진행하는 프로젝트는 당장 매출에 영향이 없다. 앞장서서 달리는 사람이 없다.

전에 다닌 회사에서는 프로젝트 기간이 꽤 중요했다. 시간이야말로 회사의 중요 수입원이기 때문이었다. 프로젝트를 시작할 때 늘 개발 시간을 놓고 의견을 조율한다. 살짝 무리한 시간으로 타협한다. 중간에 한 번쯤은 조정할 수 있지만 만만치 않다. 오징어잡이 배에서 열심히 일했다. 두 달 일정, 넉 달 일정 프로젝트는 죽음이다. 밤샘 작업을 해도 모자라는 시간이다. 피곤에 찌든 몸으로 졸린 눈을 치켜뜨며 달렸다.

이 회사는 분위기가 다르다. 야근이 없다. 야근할 일이 생기면 내일 한다. 그러면 일정이 하루 늘어난다. 야금야금 늘어난 하루가 두 달이 된다. 프로젝트 관리자도 참여자도 이 상황을 그대로 받아들인다. 마감이 지나도 바쁘지 않다. 간부도 사원도 무료함에 빠져 있다. 처음에는 여유 있어 좋았다. '개발부 파워' 덕이라고 말하는 사람도 있었다. 계속되는 기간 연장은 일하는 사람을 답답하게 할 뿐이다.

입사할 때는 분위기가 달랐다. 대표는 열정이 넘쳤고, 사업을 확장하느라 많은 인력을 채용하고 있었다. 그중 한 명이 나였다. 100명이 넘는 사람이 참여해 5개 프로젝트를 한꺼번에 진행했다.

프로젝트 관리 방법에 관심이 있었다. 아이디어 또는 희망 사항에서 요구 사항을 뽑아내고 설계하는 과정, 개발과 테스트 배포, 리스크 관리까지. 관리 방법론은 생각 밖으로 많다. 이 회사는 어떤 방법론을 쓰고 있을지 궁금했다. 10년 넘게 유지된 회사이고 100명이 넘는 인원으로 프로젝트를 진행하는 만큼 노하우도 대단하겠지 생각했다. 기대에 부풀어 있었다.

6개월 뒤 상황이 반전됐다. 갑자기 대표가 바뀌었다. 임기가 2년 더 남았는데, 그룹 차원에서 결정된 인사였다. 구조 조정을 한다는 소문은 사실이 됐다. 둘째가 5개월 된 때였다. 스스로 나가는 사람은 3개월치 급여를 준다고 한다. 망설였지만 당장의 3개월보다는 더 긴 급여가 필요했다. 남고 싶었다.

몇 주 동안 구조 조정 대상자를 면담하더니 50명이 남았다. 불행인지 다행인지 회사는 내가 필요했다. 안도의 한숨을 쉬었다. 한 차례 큰 파도를 넘었다. 남은 50명은 자의든 타의든 정예 요원이었다. 정예 요원들이 똘똘 뭉치면 된다고 생각했다. 아주 큰 착각이었다.

불행이 기다리고 있었다. 100명 구조 조정. 바로 옆에서 일하던 직원이 사라졌다. 사람들은 웃지 않는다. 초상집 분위기다. 웃을 수가 없다. 재미있을 리가 없다. 해야 되는 일이 몇 배로 늘었다. 어제까지 웃고 지내던 사람이 옆에 없다. 의욕 넘치는 대표도 없다. 모든 사람이 수동적으로 일한다. 이런 분위기 속에 회사는 이사를 했다. 150명이 쓰던 자리를 50명이 쓰자니 너무 넓었다. 이사한 사무실은 50명이 들어가기에 좁았다.

도서관 같은 분위기다. 모든 직원이 한 공간에 들어갔다. 대표실이 따로 없었다. 대표가 없으니 당연하다. 권위의 상징인 부장도 일반 사원들하고 나란히 앉았다. 화장실 가려면 의자를 바짝 당겨줘야 했다. 급작스런 변화에 적응하기 힘들었다. 일하기 싫었지만 프로젝트를 끝내야 했다. 꾸역꾸역 마무리를 했다. 예정보다 두 달 늦었다. 불행은 여기에서 시작됐다. 다음 프로젝트를 진행하지 않았다. 기획팀도 직속 상사 K부장도 프로젝트에 관해 이야기하지 않는다. 뭘 해야 할지 모르기 때문이다. 대표가 없다. 회사는 표류하고 있었다.

신혼 시절 집에 오면 반기는 사람이 있었다. 저녁 먹으라고 말하며 웃는 아내는 예뻤다. 잘한 결혼이라고 생각했다. 아내는 장모님께 특명을 받았다.

"아침은 꼭 챙겨줘라."

결혼하기 전에는 아침밥을 먹지 않았다. 조금이라도 더 자고 싶기 때문이었다. 굶는 데 익숙해져 있었다. 아내는 아침잠이 많다. 장모님 특명 때문인지 일찍 일어나 따뜻한 밥상을 차렸다. 공복일 시간에 밥이 들어오니 뱃속에서 난리가 났다. 사랑의 힘은 대단하다. 그 불편을 다 넘길 수 있었다. 한동안 아침밥을 먹고 다녔다. 아내는 살림을 해본 적이 없는 사람이다. 요리의 '요'자도 모른다. 그런 사람이 밥상을 차렸다. 나는 자취 경력자다. 결혼 전에는 이런 말을 했다.

"밥상은 내가 차려줄게."

그렇게 말해놓고 얻어 먹었다. 좋은 분위기는 서서히 식어갔다.

시댁 식구들하고 마찰을 빚을 때 중간에서 교통정리를 못한 내게 불만이 쌓였다. 처음에는 하소연이었다. 다음은 짜증, 그다음은 싸움이었다. 싸우는 횟수가 많아졌다. 아이가 생겼는데도 져주지 못했다. 유산을 하고 두 번째 임신을 했다. 다시는 싸우지 않겠다고 다짐했지만, 지키지 못했다. 서서히 식어가고 있었다.

첫째가 태어난 뒤 밥도 제대로 먹지 못했다. 잠도 제대로 못 잤다. 한 시간 만에 일어나야 했다. 사물이 세 개로 보인다. 몸은 그대로 있고, 정신만 깨어났다. 질끈 눈을 감았다가 다시 뜬다. 몸을 일으켜 세워 우는 아이를 달랬다. 몇 시간 뒤면 출근이다. 짜증이 생겼다. 화도 났다. 불편함을 넘길 수 있는 사랑의 힘이 사라졌다. 아내도 나도 지쳐간다. 서로 포기하고 있는지도 모른다. 상대의 감정을 알아주기보다는 당장 해야 할 집안일이 우선이다.

'징~ 징~ 징~.' 오늘도 알람 소리가 울린다. 어제 한 세수를 하고, 어제 한 게임을 하고, 어제 마신 믹스커피를 삼킨다. 어제처럼 아침부터 퇴근 시간을 기다린다.

구조 조정

의욕 넘치는 대표가 그만두고 오징어잡이 배의 선장 자리가 비어 있었다. 이 시간이 길어지자 최고참인 H부장이 대표를 대행했다. 정식 발령은 아니지만 1년 넘게 대표 자리를 비워둘 수 없었다. H부장은 직원 상담을 공지하면서 업무 시작을 알렸다. 내 차례가 됐다. 다짜고짜 1년 동안 무엇을 했냐고 물어본다. 하고 있는 일과 맡은 일을 설명했다. 말을 자르더니 말을 한다.

"이런 식으로 일하면 다음에 연봉 계약 안 하겠습니다."

상담이 아니었다. 할 말은 이미 정해져 있었다.

대표가 그만두고 딱히 진행한 프로젝트가 없었다. 유지 보수만 하면서 느긋한 시간을 보내고 있었다. 쓴소리였다. 나는 과장이었다. H부장은 과장이면 프로젝트를 발의해서 진행해야 한다고 본 모양이다. 직속상관은 J차장과 K부장이었다. 이 둘 또한 프로젝트에 무관심했다. H부장은 두 사람에게는 어떤 말도 하지 않았다. 얼굴이 빨개지고, 화도 나고, 기분이 상했다. 아무리 대표 대행이라지만 마음대로 직원을 자르겠다니. 상담이 아니라 협박을 마치고 자리에 앉았다. 점점 화가 치솟아 오른다. 숨소리가 거칠어진다. 눈치 빠른 J차장이 조용히 부르더니 이유를 묻는다. 상담한 내용을, 아니 협박받은 얘기를 듣더니 한동안 아무 말도 못하고 멍해 있다.

"정말 그렇게 얘기했다고? 정말?"

믿기지 않는지 계속 되묻는다. J차장은 K부장에게 얘기를 전했다. 술자리가 만들어졌다. 협박을 한 이유를 들을 수 있었다. 너무 나태한 모습에 경각심을 주려 했다고 한다. 미안하다고 말하는 H부장. 이제부터는 형이라고 부르란다.

이 회사의 특이한 형동생 문화. 아웃사이더인 나를 그 안에 넣어준다는 뜻이었다. 다들 오래 다녀 자연스럽게 만들어진 문화이지만, 좋은 점보다는 나쁜 점이 많았다. 전 대표는 이 문화를 없애고 싶어 했다. 새로 입사한 사람이 더 많은데도 집단에 끼기 힘들다. 대규모 프로젝트는 모두 한마음으로 집중해야 하는데, 형동생 문화는 방해가 된다.

형동생으로 만들어진 라포르는 끈끈하다. 그런 유대 관계가 때로는 부럽다. 한 마디 하면 열 마디 알아듣는다. 서로 믿는 사이라는 게 눈에 보인다. 일이 일사천리로 진행되는 듯 보인다. 때로는 반말을 쓴다. 부장을 형이라고 부르기도 한다. 어떤 잘못도 용서된다.

어찌 보면 H부장은 엄청난 기회를 하사한 셈이다. 그 속에 들어가면 중요한 사람이 된다. 승진에 유리한 위치에 선다. 그래도 H부장이 한 말은 용서가 되지 않았다. 그 말을 할 수 있는 마음 또한 용서할 수 없었다. '됐거든. 필요 없거든.' 속으로만 이렇게 외쳤다.

H부장은 대표 대행이 됐고, K부장은 사내에서 창업 아이템을 진행했다. 회사 방향성에 맞지 않은 프로젝트였다. 형동생 문화라서

가능한 일이었다. 나중에 술자리에서 K부장이 들려준 H부장의 말.

"네가 그렇게 하고 싶으면 여기서 해봐. 내가 대표 자리에 있을 때 해. 너 나가서 망하면 어떻게 할 거냐? 여기서 해보고, 잘되면 그 사업 떼줄게. 그걸로 회사 차려."

프로젝트 참여자는 K부장이 이끄는 술자리 멤버다. 자기들만의 프로젝트가 진행됐다. 몇 번이나 연장됐다. 외주 디자인이 마음에 들지 않는다며 회사 내부 디자인 인력을 활용했다. 이 디자이너 또한 형동생 문화 안에 있는 사람이다. 서로 노력한 끝에 프로젝트가 완성됐다. 월 매출 2000만 원이 손익 분기점이다. 한 달 매출이 많을 때는 400만 원이고, 평균 200만 원이었다. 인건비도 안 나왔다. 한마디로 망했다.

K부장이 이번에는 회사일에 몰두한다. 새 대표가 온 때문이다. 차세대 시스템을 구축하겠다고 한다. 지금 운영되는 시스템이 10년 전 모델이라 차세대 시스템이 필요하기는 했다. 나는 참여하지 않았다. 처음 계획은 8개월이었지만 계속 늦춰졌다. 지연된 시간만 1년이다. 많은 기능을 빼고 오픈했다. 회사 내부 의견도 그렇고, 아르바이트 테스터들도 그렇고, 회의적이다. 다시 대표가 바뀌고, 이 프로젝트는 최종적으로 문을 닫았다. 완패다.

K부장은 프로젝트 두 개를 진행하는 동안 5명의 대표를 맞이했다. 그중 네 번째 대표가 회사에 활기를 불어넣었지만 금세 그만뒀다. 마지막 대표가 프로젝트의 실패를 선언했다. 새 대표가 부임하면

서 흉흉한 소문이 돌았다. 최대 주주가 2차 구조 조정을 지시했다는 괴담이었다. 소문은 1년이 지난 뒤 사실로 밝혀졌다.

새 대표가 올 때마다 분위기가 어수선하다. 사무실도 세 번이나 이사했다. 어수선함의 연장이다. 매출은 점점 떨어지고, 50명이던 직원은 40명이 됐다.

과장과 차장이 반을 넘는다. 급기야 회사는 꼼수를 쓴다. 과장과 차장을 한 직급으로 만든다. 책임연구원. 차장으로 승진하는 사람이 많아 인건비를 줄여야 한다. 차장 승진 대상자인 나는 물먹었다. 나보다 한 살 어린 과장이 지난해에 승진했다. 경력이 훨씬 적은 한 살 위 과장도 먼저 승진했다. 나이와 친분 빼고는 이해되지 않았다. 월급 밀리지 않고 나오는 게 어디냐며 자기 합리화를 했다. 당장 갈 곳도 없었다. 구조 조정할 때 나가야 했다.

불만이 점점 쌓인다. 입사 뒤 처음 진행한 프로젝트는 6명이 참여했다. 그중에 나만 남았다. 두 번째 프로젝트도 6명이 진행했고, 나만 남았다. 모두 퇴사했다. 진행한 프로젝트에 관해 물어보면 대답할 사람이 나뿐이었다. 책임을 묻는 말이 유독 많았다. 남은 사람이 나뿐이니 모든 책임이 내게 있는 꼴이 됐다. 마음에 들지 않는 디자인, 이상한 기획, 자잘한 버그. 모두 내 책임이 됐다. 나는 개발자다.

성과 없는 사람이 됐다. J차장과 K부장은 여전히 내 상관이다. 두 사람은 내가 하는 일에 관심이 없다. 자기 일에 나를 활용하지도 않는다. 나하고 연결될까봐 두려운 걸까? 상관인데도 상관이 아닌 상황. 그런 상황이 용납되는 회사. 첫 구조 조정 때 나가야 했다.

K부장은 두 번이나 큰 프로젝트를 실패로 이끌었다. 엄청난 시간과 돈을 썼지만, 회사에서는 여전히 일인자다. 나하고는 대우가 다르다. 실패해도 괜찮다는 분위기다.

세 번째 대표는 조직도를 바꿨다. K부장과 K차장이 직속상관이 됐다. K차장에게 많은 아이디어를 냈다. 하나도 채택되지 않았다. 개발팀이니 기획팀에 문의하겠다고 한다. 기획팀은 자기들 하는 일에 바빠 뒷전이다. 이 거지 같은 위치에서 벗어나려 했지만 그렇게 하지 못했다. 무엇을 시도해도 제자리였다. 의욕은 금세 식었다. 해도 그만 안 해도 그만. 어차피 같은 위치라면 노력해서 뭘 하겠는가. 쑥덕거리는 말만 무시하면 됐다. 열심히 일해도 월급은 똑같다. 성과급도 균등 배분이다. 직급이 합쳐지면서 승진하면 월급이 오를 가능성도 없어졌다. 프로젝트 노하우가 있는 줄 알았더니, 이것 또한 없다.

마음속으로 이직을 결심했다. 준비해서 나가려고 했다. 처자식을 책임져야 하기 때문에 쉽게 결정하지 못했다. 갈 만한 곳을 알아봤다. 그러는 사이에 그달 월급이 나왔다. 그다음 달도. 꼬박꼬박 나오는 월급 때문에 결심은 흐지부지됐다. 온탕에 몸을 녹이고 있다. 이 온탕이 냄비인지 알면서도 말이다.

여름이 지날 무렵 K부장은 개발부 전체를 회의실로 불렀다.

"앞으로 니들이 먹고살려면 어떤 스킬을 배워야겠냐? 니들이 선택해봐! 내가 볼 때는 에이, 비, 시 중에 시가 강력해 보인다. 일주일 뒤에 니들이 정해서 말해줘라."

우리는 회의를 거쳐 시 안을 하겠다고 말했다. 미처 모르던 프로젝트가 진행되고 있었다. 놀랍게도 완패 선언한 프로젝트를 살렸다. 더 놀랍게도 프로젝트에 참여하지 않은 내가 핵심 인원이 돼 있었다. 놀라움은 여기서 끝이 아니다. 프로젝트는 이미 진행 중인데 참여자들은 자기가 참여자인지 모르고 있었다. 놀라움이 또 남았다. 아무 준비 없이 마감일이 정해져 있었다. 이 프로젝트의 최종 관리자는 K 부장이다. 프로젝트 범위가 많이 축소됐지만, 검증 결과 실패로 끝난 프로젝트였다. 또 실패로 끝날 가능성이 많은데 다시 살리다니, 정말 이상했다. 점심을 같이 먹는 H차장이 얘기한다.

"이거 수상해. 구조 조정하려고 꾀부리는 거야. 나중에 봐라. 내 말이 틀린지 맞는지."

이 프로젝트가 언제 시작됐는지 모른다. 어떤 상황인지 물었다. 며칠 전 회의실에서 스킬을 물어볼 때 시작됐고 4개월 뒤에 마무리해야 한단다. 구체적인 범위가 나오지 않았다. 기획할 사람도, 개발할 사람도, 디자인할 사람도 자기가 참여자인지 모르고 있었다. 아무것도 없이 모든 일이 결정돼 있었다.

"어려운 과제인 거 알아. 결론을 못 내도 좋으니, 최소한 노력하는 모습이라도 보여."

맞는 말이다. 구조 조정 뒤에 심하게 나태했다. 매출은 줄고 있는데 위기의식이 없었다. K부장이 한 말은 설득력이 있었다. 이 프로젝트가 플레이메이커 구실을 한다면 그것으로 만족한다.

K부장에게 물어 참여자를 확인했다. 아무리 얘기해도 4개월은 불가능한 일정이었다. 조율을 시도했지만 허사였다. '최소한 노력하

는 모습'을 보여야 할 뿐 일정은 중요하지 않았다. 야근을 시작했다. 실패한 프로젝트, 무리한 일정. H차장의 말이 떠오른다. 노력하는 모습이라도 보이라는 부장의 말을 그래도 믿었다. 일정은 절대 연장되지 않았다. 새 대표의 강한 의지라고 한다. 점점 먹구름이 드리운다. 관리자인 K부장은 어떤 관심도 보이지 않는다. 누가 무엇을 하고 어떻게 진행되는지 알려 하지 않는다. 철저히 무관심했다.

어쩔 수 없이 누군가가 관리자 구실을 대신 해야 했다. 다들 맡은 분량이 넘쳐서 선뜻 나서지 않는다. 예전에 관리자 구실을 병행한 적이 있다. 낮에는 회의하고 밤에는 일을 했다. 개발 업무만 해도 야근이 기다리는데 관리자까지는 무리였다. 다행히 프로젝트 후반부에는 여유가 있다며 서버팀의 H차장이 나섰다.

3개월 뒤 중간 점검 시간. 아직도 놀랄 일이 남아 있을 줄이야. 발표를 듣던 대표가 말한다.

"이래서 다음달에 오픈할 수 있겠어요? 내가 볼 때는 불가능한데."

K부장이 말한다.

"할 수 있습니다. 조금만 하면 됩니다."

일정은 대표가 아니라 부장의 의지였다. 프로젝트는 지연될 수밖에 없었다. 무리한 일정이었고, 우긴다고 해서 만들어지는 게 아니었다. 부장도 희망사항이었다고 인정하고 대표를 만나 두 달이라는 시간을 얻어왔다. 내가 맡은 마지막 단계를 외주 주는 조건이었다. 선행 작업이 늦게 끝났으니 중간 점검 때 보여줄 내용이 부족했다. 당연한 일인데, 내 잘못이 돼버렸다. K부장이 짠 계획을 보면 기획서 작성이 일주일이다. 담당 기획자는 말했다.

"한 달 해도 모자라요."

중간 발표를 하고 한 달이 지났다. 구조 조정 명단이 발표됐다. 프로젝트는 아직도 진행 중인데 상관하지 않았다. 명단은 공개하지 않고 부서장이 개별 면담을 했다. 그중 내가 가장 늦게 들었다. 맨 먼저 들은 사람은 퇴사일 한 달 전이었다. 나는 일주일 전이었다. 야근을 계속하면서 말이다. 나가야 된다는 사실을 알면서도 야근을 했다. K부장은 말이 없었다. J차장에게는 한 달 전에 얘기했으면서 내게는 말이 없었다.

일주일 남은 시간. 부장이 근처 커피숍에 가자고 한다.

"내가 얼마나 힘들어 했는지 아냐? 맨날 술 마셨다. 너 J차장이 내게 어떤 존재인지 알지? 걔, 내가 데려온 녀석이야. 걔를 내보내야 되는데, 그게 얼마나 힘든지 아냐? 그래도 너는 운 좋은 케이스야."

'뭐가 좋다는 거죠? 부장님은 힘들어도 당장 월급 나오잖아요. 저는 아무것도 없어요. 저만 바라보는 식구가 셋이나 돼요. 당장 나가는 사람은 저라고요. 최소한 위로의 한마디라도 해줘야 하는 것 아닙니까? 어떻게 끝까지 이기적이죠?' 이렇게 따져 묻지 못했다.

"많이 힘들었겠어요. 그동안 고생하셨습니다."

마음에도 없는 위로를 했다. 더러운 기분을 쏟아내지 않아 후회된다. 1차 구조 조정 때 나가야 했다.

다음날. 10년 만에 가벼운 접촉 사고가 났다. 아내가 이유를 따져

묻는다. 모범 운전을 하는 사람이 사고를 내다니 이상하다며 캐묻는다. 구조 조정 이야기를 했다.

"그러게 좀, 아부 좀 하지 그랬어."

"사회성이 그렇게 없어서 어떻게 회사 생활을 해. 좀 키워봐."

"내가 그렇게 키우라고 했잖아."

"그 옆에 S과장은 남게 됐다며. 거봐 그 사람처럼 해보라니까."

"그렇게 내말을 안 들어."

'휴.' 아내 말이 다 맞다. 그런데 지금 듣고 싶은 말은 아니다. 같이 욕하지 않아도 된다. 맛있는 음식을 사달라는 말도 아니다. 다음 일거리를 같이 고민해달라는 부탁도 아니다. 따뜻한 위로를 바라지도 않는다. 그저 한 마디면 충분했다.

"고생했어."

너하고도 구조 조정을 하고 싶다.

조용한 아침

구조 조정을 위한 프로젝트에 참여하면서 날마다 야근을 했다. 야근 뒤 집에 들어가면 거실은 깜깜하다. 아내는 아이들 방에서 같이 잔다. 둘째가 세살 때 코골이가 심해졌다. 살이 찌고 나서 좀더 심해졌다. 아이들이 코골이 소리에 놀라 깬다고 해서 따로 자기 시작했다. 그러든 말든 같이 자고 싶었지만 허공 속의 메아리일 뿐, 아내를 이길 수 없었다.

집에 들어와 불을 켜면 싱크대에는 설거지가, 거실 한가운데에는 빨래더미가 있다. 분리수거 하는 날이면 할 일이 더 많다. 쌓인 설거지를 보며 오늘이 무슨 요일인지 체크한다. 분리수거일은 목요일이다. 깜깜한 집은 총각 때를 떠올리게 한다.

대학 졸업하고 서울에 올라왔다. 먼저 올라온 누나하고 같이 살았다. 낯선 서울 생활에 익숙해질 무렵 누나가 결혼했다. 혼자 지낼 자취방을 구했다. 거실과 방이 따로 있는 작은 집이었다. 혼자 지내는 데 충분했다. 신혼부부가 살던 집이라 벽지도 깨끗했다. 교통이 불편하지만 바로 계약했다. 총각이라 짐은 별로 없다. 대충 정리하고 출근 때문에 일찍 잤다. 아침이 됐다. 밖이 정말 조용했다. 한밤중처럼. 아직 일어날 시간이 아닌 듯했다. 그날 지각했다.

아침이면 사람 움직이는 소리나 텔레비전 소리가 들렸다. 혼자 사는 집이니 조용한 게 당연한데 몸은 시끄러운 소리에 익숙해져 있었다. 며칠이 지나도 조용한 아침은 적응이 되지 않았다. 텔레비전 소리라도 들으면 좋겠다고 생각했다. 리모컨을 만지작거렸다. 평소에 손 안 대던 설정 버튼을 눌렀다. 여기저기 찾아보니 알람 기능이 있었다. 드디어 조용한 아침에서 탈출했다.

혼자 살기는 좋다. 뭐든 자기 마음대로 할 수 있다. 늦게 자도 되고, 밤새도록 게임을 해도 된다. 마음대로 먹어도 된다. 안 치워도 된다. 청소하지 않아도 된다. 지저분해도 잔소리하는 사람이 없다. 자유였다. 다만 조용하다.

하루 일과를 마치고 집에 들어간다. 밖에서 보면 내 집만 불이 꺼져 있다. 현관문을 열어도 깜깜하다. 더듬더듬 불을 켠다. 바로 텔레비전을 튼다. 이제 사람 사는 곳 같다. 방에 들어가서 게임을 시작한다. 텔레비전은 그대로 켜둔다. 누군가가 떠드는 소리가 필요했다.

조용한 아침과 불 꺼진 집은 아무리 시간이 지나도 적응되지 않았다. 혼자인 사실을 알면서도 혼자라는 현실을 계속 확인해주기 때문이다. 외롭지 않은데 외로운 사람이라고 말해준다.

결혼 뒤 조용한 아침과 불 꺼진 집은 작별했다. 아침상을 차려주라는 장모님 특명 덕이다. 집에 들어서면 반기는 사람이 있다. 총각 때 그 느낌을 잊을 수 있었다. 이런 삶이 이어질 줄 알았다. 활짝 웃는 아내가 그렇게 예뻤다. 시간이 지나고 아이를 가졌다. 육아는 만만치 않았다.

임신은 장모님 특명을 없애버렸다. 아이가 태어나면서 아침밥은 혼자 차려 먹었다. 그러다 하루이틀 걸렀다. 이제는 아침을 먹지 않는다. 아내도 육아로 지쳐 아침에 일어날 수 없었다. 아이들이 어느 정도 크자 수면 시간이 길어지고 더는 밤에 깨지 않는다. 잠 못 자는 고통에서 벗어났지만 늦잠이 버릇으로 된 아내는 아침에 일어나지 않는다. 조용히 출근해야 한다. 출근하는 소리에 아이들이 깨면 아내도 억지로 일어나야 하기 때문이다.

조용한 아침이 찾아왔다. 아무도 없는 듯한 조용한 아침. 텔레비전 알람도 맞출 수 없다. 아침은 조용해야 하기 때문이다. 가끔 아이들이 출근 시간에 깬다. 어린이집에서 배운 대로 두 손 곱게 모으고 잘 다녀오라는 인사를 한다. 입꼬리가 올라간다. 그런 날은 몇 달에 한 번 있을까 말까 하다. 보통은 조용히 움직인다. 조용히 열고 조용히 닫는다.

출근하는 길에 음식물 쓰레기를 버린다. 아이들 방은 현관문 바로 옆이다. 혹시나 해서 방문을 살펴본다. 금방이라도 아이가 나와 인사할 듯하지만 조용하다. 현관문을 나선다. 한 손에 든 음식물 쓰레기가 사람의 흔적을 말해준다. 흔적이라도 있으니 이게 어디냐.

"출근할 때 문 좀 살살 닫아. 시끄러워서 잠을 깨잖아."

나한테만 조용한 아침인가 보다.

야근 때문에 퇴근이 늦다. 일 때문만은 아니다. 싸움이 계속되면서 아내의 마음이 닫혔다. 진심인지 화나서 하는 말인지 아내는 될 수 있는 한 마주치지 말자고 한다. 진심이 아니기를 바랐지만, 진심이었다. 때마침 구조 조정 프로젝트 때문에 야근을 해야 했다. 매일 하지 않아도 됐고, 가끔은 일찍 퇴근할 수 있었다. 일찍 들어가면 으르렁거릴 게 뻔하다. 평화를 위해 회사에 더 앉아 있었다.

사무실 시계가 10시를 넘겼다. 이제 들어가면 아이들도 아내도 자고 있다. 집에 도착하면 11시 30분이 넘는다. 버스에서 내려 집으로 걸어간다. 위층도 아래층도 불을 켜고 있다. 우리집은 깜깜하다. 현관문을 열고 들어간다. 먼저 아이들 방부터 살핀다. 희미한 불빛만 새어 나온다. 아이들은 깜깜한 방에서 잠들지 못한다. 아기 때부터 늘 불을 켠 채 잠을 잤다. '혹시나' 하는 마음은 '역시나'로 끝났다. 어둠 속에서 불을 켠다.

거실 한가운데 빨래가 수북하다. 개야 한다. 싱크대는 설거짓거리로 넘칠 듯하다. 무슨 요일인지 확인한다. 목요일은 분리수거일이다. 한숨이 나온다. 분리수거는 정말이지 하기 싫다. 하루쯤 퇴근한 모습 그대로 쓰러져 잠들면 좋겠다.

곧바로 자고 싶은 마음이 커서 그런지 집안일이 더디다. 빨리 하면 20분에 끝날 설거지를 30분, 40분 한다. 빨래는 시간 잡아먹는 하마다. 대충 갤 수 없다. 아내가 못하는 일 중에 하나가 빨래 개기다. 갰는지 안 갰는지 구별이 안 된다. 구겨진 채로 옷장에 들어간다. 구겨진 옷을 꺼내 입는 찜찜함을 참을 수 없다. 그때 참아야 했다. 똥 싸고 뒤처리하지 않은 듯 찜찜해도 넘겨야 했다. 대충 개도 칭찬해야 했다. 그랬으면 늦은 시간에 이러고 있지는 않을 텐데.

한 번은 참아봤다. 두 번은 참을 수 없었다. 결벽주의자가 아니다. 찜찜할 뿐이다. 때로는 내가 갠 빨래도 마음에 들지 않는다. 칭찬에 인색한 아내도 빨래는 칭찬한다. 그 한마디에 더 정성을 들인다. 대충 하다가 구겨진 빨래를 보면 다시 한다. 시간만 잡아먹는다. 대충 하나 반듯하게 하나 거기서 거기인데 집착을 버릴 수 없다. 한 시간이 지났다. 몸이 뻐근하다. 자꾸만 눕고 싶다. 빨래는 맡기고 싶은 마음이 굴뚝같다. 긴 한숨으로 마무리한다.

피로가 안 풀린다. 야근 뒤에는 바로 잠자고 싶어도 그럴 수 없다. 손발이 느린 탓도 있지만 쌓아놓은 일을 보면 화가 난다. 자고 있는 사람을 깨울 수도 없다. 시계를 본다. 긴 한숨이 나온다. 침대에 눕는다.

'나를 받아주는 건 침대뿐이구나. ……외롭다.'

평일 야근 뒤 주말이 되면 오랜만에 늦잠을 잔다. 이것도 잠깐, 둘째가 침대로 들어와 깨운다. 더 자고 싶지만 몸을 일으킨다.

"아빠, 배고파."

냉장고를 연다. 먹을 만한 것을 고른다. 적당한 재료가 없으면 달걀밥이다. 달걀, 참기름, 간장을 꺼낸다. 김이 있으면 김도 넣는다. 맛있게 먹을 때도 있고 그렇지 않을 때도 있다. 대부분 먹는 둥 마는 둥 한다. 답답한 마음에 먹여준다. 혼자 먹을 나이에 왜 그러냐고 하지만 제대로 못 먹어 몸이 아픈 것보다는 낫다. 30분 정도 밥을 먹인 뒤 나도 먹는다. 남긴 밥이 있으면 처리한다. 대충 먹고 식탁을 정리한다. 한 끼 먹은 그릇이 싱크대에 가득하다.

느지막하게 방에서 나오는 우리집 최고 권력자 마나님.

"밥상 차릴까?"

자기가 차려 먹겠단다. '그래, 최소한 그런 양심은 있어야지.'

최고 권력자가 오늘의 스케줄을 말씀하신다. 반찬과 청소를 하라
하신다. 다음주에 먹을거리도 없다고 하신다. 먼저 설거지를 시작한
다. 설거지를 하고 있으면 아내는 자잘한 설거짓거리를 넣는다. 컵이
들어온다. 수저가 떨어진다. 이내 한마디한다.

"다 보고 가져가."

쪽지를 들고 마트에 간다. 적어준 재료가 맞는지 몇 번이고 확인
한다. 대충 알아서 사 가면 잔소리를 듣는다. 귀찮을 정도로 물어봐
야 한다. 그래도 몇 개 빼먹는다. 잔소리가 이어진다. 일상이 됐다. 커
다란 상자를 들고 차로, 차에서 집으로, 끙끙거리며 식탁에 물건들
을 올려놓는다.

"왜 이렇게 늦게 와. 좀 빨리빨리 좀 해봐. 집안일 할 게 얼마나 많
은데, 느려 터져 가지고는."

"어, 미안해. 하다보니까 좀 늦었네."

"행동 좀 빨리빨리 좀 해봐."

물건을 하나씩 꺼내 냉장고에 넣을 것과 바로 먹을 것을 나눈다.
포장을 뜯고 재료를 손질하고 가스불을 켠다. 이중 포장이 된 물건
은 뜯어서 버리고 오라 하신다. 어차피 쓰레기인데 그냥 가져왔다고
또 잔소리를 듣는다.

아내의 말을 반은 무시해야 살 수 있다. 바쁜 척 재료를 씻는다. 못 들은 척 요리를 시작한다. 시금치무침, 오징어채, 콩나물국, 두부조림, 호박전……. 시간이 빨리 간다. 아내는 목욕물을 받는다. 첫째가 아토피 때문에 날마다 목욕을 한다. 벌써 저녁 먹을 시간이다.

음식을 다 하고 소파에 잠깐 앉는다. 아니 눕는다. 이내 바닥에 눕는다. 몸이 힘들다. 나이 탓인지 기력이 달린다.

"자지 말고 일어나! 밤에 또 안 자려고."

"그냥 누워 있는 거야."

체력이 약해진 모양이다. 건강에 문제가 생겼나. 마룻바닥이 몸을 끌어당긴다. '가만, 내가 언제부터 서 있었지?' 이내 아내 목소리가 들린다.

"그만 일어나! 얘들아, 아빠 깨워!"

만성

"애들 밥 좀 먹여." "반찬 좀 해." "설거지랑 밥 좀 해." "화장실 청소했어? 꼭 시켜야 하나?" "애들 감기 걸렸어. 병원 갔다 와."

시키는 대로 했다. 더블 에스 더블 케이(SSKK), '시키면 시키는 대로 까라면 까라'는 대로. 몸이 힘들어도 일단 하고 봤다.

"오늘 좀 힘들다. 이따 할게."

"뭐가 힘들다고 그래? 남자가 비실비실해 가지고는. 집에서 애 봐봐, 얼마나 힘든가."

힘들다고 해도 믿지 않는다. 엄살처럼 보인다고 한다. 아내는 절대 도와주지 않는다. 언제부터 아내 말에 대꾸하지 않는다. 힘들다는 말을 하지 않는다. 도와달라는 말도 하지 않는다. 말해도 달라지지 않기 때문이다. 짜증과 비난만 되돌아온다. 더는 듣고 싶지 않다. 부딪치지 않기가 상책이다. 시키는 대로 하고, 까라면 깐다.

이상하다. 하라는 대로 했는데 아내는 불만이 더 많아졌다. 어디부터 잘못된 걸까? 어떤 단추를 잘못 끼웠을까? 청소하라 하면 청소하고, 밥하라 하면 밥했다. 처음에는 다 들어줘야 사랑이라고 생각했다. 신혼 때 주도권을 잡으라는 말이 있다. 생각이 달랐다. 사랑하는데 서로 맞추고 존중하면 되지, 웬 주도권? 10년 지난 지금 보면,

주도권을 잡아야 했다. 우리집 서열 1위는 마나님이고, 저 바닥에 있는, 인격도 없는 사람이 나다.

회사 생활도 비슷하다. 주어진 일에 최선을 다했다. 일정이 부족하면 야근으로 채웠다. 협의하지 않았다. 열심히 하면 일정을 맞출 수 있다고 생각했다. 다크서클이 내려왔다. 집에 도착해서 집안일을 한 뒤 피곤한 몸을 침대에 눕혔다. 쓰러질 법도 한데 이놈의 몸은 튼튼하기만 하다. 코피 한 번 나지 않는다.

이제 야근은 거의 없었다. 구조 조정 뒤에는 누구 하나 의욕이 없기 때문에 일을 만들지 않았다. 야근할 필요가 없었다. 대표 또한 1년이 멀다 하고 바뀐다. 바뀔 때마다 상황을 설명해야 하니 프로젝트가 더디게 진행될 수밖에 없다. 가끔 노는 느낌마저 들었다.

1년에 프로젝트를 하나 진행했다. 네 달 진행하고 나머지 시간은 유지 보수로 보냈다. 진행할 때는 최선을 다했다. 일정 문제 때문에 처음 기획한 때보다는 규모가 조금 줄었다. 그리고 긴 유지 보수 기간. 유지 보수는 급한 일이 없다. 있어도 반짝 며칠이다.

연말이 됐다. 성과 보고서를 작성하라고 한다. 자기 평가를 해야 한다. 5단계가 있다. 3단계가 기대한 만큼의 성과다. 잘한 것도 못한 것도 없어 중간으로 체크했다. 나만의 생각이었고, 동료들이 한 평가는 달랐다. 무능한 직원이었다. 매출 기여도가 낮기 때문이었다. 또한 형동생 문화에 끼지 못해서 상대적으로 낮은 점수를 받았다.

성과 판단 기준도 객관적이지 못하다. 아니 객관적일 수 없다. 하는 일이 다른데 어떻게 객관적 평가를 할 수 있다는 말인가. 경영지

원팀은 성과를 내기 힘들다. 잘해야 중간이다. 사업 방향성에 따라 소외되는 부서가 나오기 마련이다. 열심히 해도 잘해야 중간이다. 객관적 평가를 할 수 없는데도 회사는 평가를 한다. 불만이 쌓일 수밖에 없다. 회사는 사정이 좋지 않다며 연봉 동결을 통보한다.

'젠장. 성과 평가는 왜 한 거야? 집에서 또 뭐라고 하겠군. 그런데 승진한 사람은 뭐지?'

회사에 세 가지 의미를 둔다. 첫째, 일. 하고 싶은 일인지 재미있는 일인지 판단한다. 둘째, 사람. 사람들하고 친해지면 재미없는 일도 할 수 있다. 때로는 일이 재미있어진다. 함께하는 즐거움이 있다. 셋째, 돈. 적은 연봉은 회사를 옮기는 계기다. 점수를 매기면 다 50점 아래다. 일도 재미없고, 사람도 어색하고, 돈도 적다.

주어진 일에 최선을 다했는데 낙동강 오리알이 됐다. 그래도 시도했다. 잘하려 노력했다. 언제 잘려도 이상하지 않다. 한숨이 늘어간다. 게임 하고 드라마 본다. 거지같은 상황을 잊어버릴 수 있다.

"아부 좀 하고 그래. 사람들이랑 친해지고. 사람이 사회성이 없어서 어떻게 회사 생활을 하냐."

아내는 이 꼴을 제대로 모른다. 얘기하면 더 힘들어진다.

"돈 벌어오는 거 보면 진짜 신기하다 신기해. 내가 사장이면 너는 벌써 아웃시켰어."

하자는 대로 했고 할 만큼 했다. 회사에서도 집에서도 내가 할 수 있는 일을 했다. 자꾸 어려워지기만 한다. 웃지 않는 아내는 무섭다.

구조 조정을 다시 하면 영순위다. 구조 조정 전에 쫓겨날 수도 있다.

무뎌진 몸과 마음을 확인한 사건이 있다. 건강 검진 결과지를 받은 날이었다. 늘 평균치를 보여서 이날도 대충 봤다. 복부 지방이 늘었고, 콜레스테롤 수치가 조금 높아졌다. 쭉 읽어 내려가다 두 글자가 눈에 들어왔다. '재검.'

결과지를 다시 읽었다. 꼼꼼하게 두 번, 세 번 봤다. 재검이 맞다. 피검사 결과가 기준치보다 높았다. 가장 큰 원인은 갑상선 이상이었다.

아무런 증상이 없는데 재검이라니. 의사는 피검사와 초음파 검사를 하자고 한다. 생각보다 비쌌다. 아프지도 않은데 괜히 왔다 싶었다. 돈만 날리는 느낌이었다. 피를 뽑고 침대에 누웠다. 한쪽에는 초음파 기계가 있고 침대 위에는 환자가 볼 수 있는 모니터가 있었다. 차가운 액체를 목 언저리에 뿌린 뒤 기계가 스캔한다. 부드러운 기계가 지날 때마다 따뜻해진다. 모니터에 알 수 없는 흑백 점들이 돌아다닌다. 의사는 같은 곳을 몇 번이고 보고 또 보면서 사진을 찍는다.

"숨을 들이 마시세요. 내쉬세요."

반복하고 반복한다. 한참 기계로 몸을 스캔하던 의사가 말한다.

"물집 같은 게 많이 있어요. 약을 먹을 정도는 아니에요."

"크기가 좁쌀만 합니다. 자가 치료의 흔적이에요."

피곤하지 않았느냐고 묻는다. 육아 때문이라고 생각했다. 잠이 모자라다고 불평했다. 당연한 일이라고 생각했다. 몸에 이상이 있었는데, 몰랐다. 피검사 결과는 일주일 뒤에 나온다고 했다.

아내가 하는 말은 아프다. 상처를 받는다. 괜찮은 척했다. 안 아픈 척했다. 이러다 만성이 되겠지. 아내는 안 바뀌니까. 무뎌져만 갔다.

구조 조정 영순위를 받아들였다. 짜증나는 상황이지만, 바꿀 수 없으니 그냥 그대로 받아들였다. 이렇게 하나 저렇게 하나 받는 월급은 같았다. 거지같은 현실이 만성이 됐다. 웃음이 사라졌다. 웃을 일이 없다. 아니 웃기지 않는다. 마음이 굳었다. 몸도 굳었다. 아픈 것도, 싫은 것도, 화나는 것도 모르는 사람이 됐다.

마사지를 받았다. 원장은 내 얼굴을 살피더니 얼굴, 배, 등, 발에 마사지를 해야 한다고 말한다. 붓으로 발바닥에 액체를 바른다.

"감각이 많이 죽어 있어요. 이렇게 하면 움찔해야 하는데 반응이 없어요. 이러다 객사할 수 있어요."

둔한 건 알고 있었지만, 간지러움도 못 느낄 정도인지는 몰랐다. '혹시 마음도 그런가? 내 마음도 무감각한 걸까?'

회사도 집도 기분 나쁠 일들이 많다. 어떤 책임도 지지 않는 K부장. 책임을 내게 떠넘기는데도 화가 나지 않았다. 자기 기분대로 말하는 아내. 배려 없는 말에 화나고 짜증난다. 괜찮은 척, 대인배인 척했다. 화나서 하는 말이니까 그냥 넘겨버렸다.

신혼 초에 누나가 같이 밥을 먹자고 했다. 시간이 맞지 않아 몇 번을 취소했다. 일부러 피한다고 생각한 누나는 엄마를 만나 며느리 흉을 봤다. 그 말이 돌고 돌아 들려왔다. 그럴 수 있다고 그냥 넘겼다. 아내가 나쁜 사람이 됐는데도 넘겨버렸다. 아내는 이해되지 않는다고 한다. 어떻게 그냥 넘길 수 있냐고 묻는다.

"별거 아냐. 그러다 말아. 너무 깊게 생각하지 않아도 돼."

지금 생각하면 아내 말이 맞다. 없는 말로 흉을 봤으니 기분 나빠야 했다. 항의를 해야 했다. 중간에서 교통정리를 해야 했다. 그날 아내의 '따따따'가 이어졌다. 한번 시작하면 화가 사그라질 때까지 계속한다. 1시간은 애교다. 2시간은 기본이고, 길 때는 4시간이다. 고문이 따로 없다. 상처 주는 말을 계속한다. 화나는 말이 이어진다. 나는 극악한 죄인이 된다. 태어나서는 안 되는 인간이 된다.

이런 일이 자주 반복됐다. '따따따'는 극한의 인내심이 필요하다. 중간에 빠직하면 한 시간 추가다. 나도 살아야 하니까 되도록 대꾸하지 않는다. 꾹 참고 듣는다. 점점 무감각해졌다.

한 번만 받기로 한 마사지를 세 번 더 받았다. 너무 걱정된다며 다시 오라고 했다. 세 번째에 반응이 나타났다. 발바닥이 움찔한다.

'아! 사람은 이래야 하는구나.'

《논어》에 앎이란 아는 것을 안다고 말하고 모르는 것을 모른다고 말하는 것이라고 했다. 내 몸을 제대로 알고 있지 못했다. 몸도 그랬고, 마음도 그랬다. 무관심했다. 무감각했다. 아파도 상관없었다. 무시당해도 문제없었다. 남에게 피해만 주지 않으면 됐다. 조금 손해 보면 만사형통이다. 시키는 대로 묵묵히 했다. 의문을 갖지 않았다. 기꺼이 내 시간을 투자했다. 돌아오는 것은 '멍'뿐이었다.

'아프다.'

물거품

살면서 무엇이 가장 필요할까? 무엇을 위해 사는 걸까? 돈? 돈보다
소중한 것이 많다. 생명, 시간, 가족 등. 왜 사냐고 물으면 여러 가지
이유가 있다. 답은 하나로 모인다. 잘살고 싶다. 행복하고 싶다.

자신 있었다. 잘살 수 있는 자신이 있었다. 책임감이 강해 주어진
소임을 충실히 수행한다. 열심히 살면 행복은 덤으로 따라온다고 생
각했다. 열심히 살았지만 행복하지 않다. 집에서나 회사에서나 찬밥
신세다. 주변은 나를 못 잡아먹어 안달이다. 만만한 사람이 나다.

외롭다, 힘들다 외쳐도 듣는 사람이 없다. 가장 가까운 아내도 외
면한다. 아니지. 아내는 같이 있어도 마음은 가장 먼 사람이다. 돈이
라도 많으면 외로움이 덜할 수 있다. 돈이 전부는 아니지만 위로는
될 수 있을 듯하다.

결혼하고 정확히 두 달 동안 내가 돈 관리를 했다. 급한 일부터
쓰고 남는 돈은 저축하기로 했다. 돈은 남지 않았다. 과소비도 안 하
는데 돈이 없다. 아슬아슬하게 적자를 면하는 수준이었다. 아내가
돈을 물어본다. 저축한 돈이 없다고 하자 자기가 하겠다고 나선다.
의심 반 기대 반으로 모든 것을 넘겼다.

절약 정신이 투철한 사람이 됐다. 수건 여러 번 쓰기, 필요 없는

전등 끄기, 멀티탭 끄기, 양치 컵 쓰기. 불편해졌다. 총각 때는 달랐다. 한 번 쓴 수건은 세탁기에 넣었다. 물을 틀어놓고 양치질했다. 쓸쓸함을 달래려 불이란 불은 다 켰다. 버릇을 고치기가 어려웠다. 정해놓은 규칙을 매번 어겼다. 잔소리가 따라왔다. 어찌됐든 아내는 돈 관리를 잘했다. 통장 잔고가 불어났다. 외벌이 3년, 통장을 보면 아내가 기특했다.

처녀 때 아내는 돈 걱정 없이 살았다. 하고 싶은 대로 하는 사람이었다. 가방을 사고 싶으면 샀다. 예쁜 액세서리를 사고 싶으면 샀다. 매일 택배가 오자 부모님 잔소리가 무서워 친구 집으로 보내기도 했다. 당연히 저축은 거의 없었다.

아내는 연애할 때 회사를 그만뒀다. 모은 돈을 다 쓴 듯한데 계속 쓴다. 아버님이 몰래 돈을 주셨다고 한다. 절약이 몸에 밴 분들이다. 그렇게 모은 돈으로 재산을 불렸다. 그런데도 계속 절약하신다. 아내는 그런 부모님을 이해하지 못한다. 충분히 즐길 수 있는데 왜 아직도 그러느냐고 타박한다. 돈 없는 삶을 모르니 저축의 필요성도 몰랐다. 절약하고는 먼 삶을 살았다. 결혼해서 처음 절약을 해봤다. 한 번도 해보지 않은 절약을 정말 잘해서 감탄하고 있었다.

유모차를 끌고 롯데월드에 갔다. 아이들이 다섯 살, 세 살 때였다. 즐기러 갔는데 충격으로 시작했다. 20개월 차이 나는 두 아이를 낳고 키우면서 서로 예민해진 상태였다. 두 살 터울이지만 연년생이나 다름없다. 쌍둥이가 더 키우기 쉽다. 늘 피곤하고 신경이 곤두서 있었다. 사소한 말다툼이 많았다. 크게 싸우기도 했다. 관용이 없었다.

놀이공원 입구에 들어서자 아내가 유모차를 세운다.

"할 말 있어. 지금부터 할 건데, 앞으로 이 얘기 절대 다시 안 꺼낸다고 약속해."

"뭔 얘기를 하려고 그래?"

"약속해."

"알았어. 말해봐."

"지금까지 당신이 잘못한 거 이거로 퉁치자."

"도대체 무슨 말을 하려고?"

"눈치챘을 거야."

"뭐가?"

'잘못이라고? 그게 뭐지?' 잘못한 게 없다. 의견이 다를 뿐이었다. 상대방을 인정하지 않아 싸움이 잦았고, 화를 풀어주지 않았다. 감정이 안 좋은 채 또 싸웠다. 싸움은 잘못이 없어도 잘못했다고 해야 끝났다. 싸움이 쌓여 죄인이 됐다. 하소연을 해도 변명일 뿐이었다.

뜸들이는 꼴을 보니 대단한 말을 할 듯하다. 궁금증에 알았다고 했다. 연말 정산 얘기부터 꺼낸다. 이상하지 않느냐고 묻는다. 생각해보니 그렇다. 카드 사용 내역 합계가 연봉보다 많았다. 그런데도 저축액은 늘어나고 있었다. 무감각한 사람이라 이상하게 생각하지 않았다. 의심하지 않았다. 아내에게 특별한 재능이 있는 줄 알았다.

내 월급으로는 생활비와 저축을 다 할 수 없었다고 한다. 저축을 먼저 하고 나머지를 생활비로 썼다고 한다. 생활비가 부족하자 도와

달라 했다고 한다. 장모님은 딸이 부탁하자 돈을 빌려주셨다.

신혼집이 처갓집 근처라 왕래가 잦았다. 30년을 같이 살다가 어느 날 없어진 딸의 자리가 너무 허전할 듯해 가까이 살았다. 아내는 스스럼없이 돈을 빌렸다. 한 달에 30만 원이나 50만 원, 많을 때는 100만 원씩 매달 손을 벌렸다. 한 해 두 해 지나니 액수가 꽤 커졌다. 아내는 빌린 돈을 갚을 생각이 없었다. 그렇게 해본 적이 없기 때문이었다. 부모님이 빌려준 돈은 자기에게 준 돈이라고 생각했다.

장인어른도 모르는 비상금이었다. 딸이 몇 년이 지나도 갚지는 않고 자꾸 빌려가니 제동을 걸었다. 갚으라고 독촉하기 시작했다. 아내는 당황했고, 당장 돈 나올 구멍은 없었다. 손쉬운 방법을 골랐다. 현금 서비스를 받아 갚았다. 그러다 더는 현금 서비스를 받을 수 없자 얘기를 꺼냈다.

즐거워야 할 놀이동산에서 우황청심환을 먹어야 하는 사태가 벌어졌다. 대출을 받아달라고 한다. 아내는 다시 확인한다.

"앞으로 싸울 때 이 얘기로 무기 삼기 없기야."

"말 안 해. 약속했잖아."

긴 한숨이 나온다. 어지럽다. 왜 말을 안 했는지 원망했다. 뒷골이 당긴다. 돈을 어떻게 써서 몇 천 만 원이나 되냐고 따지고 싶었다. 할 말이 머릿속에 꽉 찬다. 놀이동산이고 뭐고 집에 가고 싶다. 이해할 수 없었다. 다시는 얘기하지 않기로 했으니 하고 싶은 말이 있어도 하지 못했다. 꾹 참았다. 가슴이 답답하다. 이래서 화병이 생기나 싶었다. 계속 한숨이 나온다. 걸을 때마다 숨소리가 거칠다.

영문도 모르는 아이들은 엄마와 아빠의 표정을 보고 굳어 있다. 정신을 차리고 억지로 웃는다. 여기는 아이들 때문에 왔으니까. 즐거운 척 연기를 시작한다.

다음날 은행에 갔다. 몇 번 받아봤지만 대출은 불편하다. 죄 지은 것도 아닌데, 작아진다. 대출 상담원은 전혀 신경쓰지 않는다. 기분이 그랬다. 한참 자판을 두드리던 상담원이 어렵겠다고 말한다.

"대출이 없는데 왜 안 돼요?"

"고객님은 신용 등급이 7등급입니다."

"네? 7등급요? 4등급이었는데요. 대출은 받지도 않았는데 그렇게 떨어질 수 있나요?"

"네, 고객님. 최근에 현금 서비스 사용한 이력이 있습니다. 그것도 많이요. 현금 서비스도 대출입니다."

현금 서비스는 질이 좋지 않은 대출이다. 대출을 할 수 있는 사람이면 굳이 높은 이자를 낼 필요가 없다. 현금 서비스는 이자가 꽤 높다. 신용 평가에 나쁜 영향을 끼친다.

7등급은 신용카드도 못 만든다. 대출도 안 된다. 다른 방법을 찾아야 했다. 모을 수 있는 돈을 찾아봤다. 몇 년 된 보험이 떠올랐다. 해지하지 않고 돈을 구할 수 있다. 약관 대출로 그 달은 막았다.

문제는 다음달이다. 월급보다 많은 돈을 갚아야 했다. 아무리 뒤져도 돈 나올 곳이 없었다. 대출 상품을 찾다가 카드론을 알게 됐다. 카드론도 현금 서비스보다는 낮지만 이자가 높다. 선택의 여지는 없었다. 몇 달 시간을 벌었다. 은행에서 신용 등급 올리는 법을 알려줬다. 선결제하기, 현금 서비스 절대 받지 않기, 연체 안 하기, 6개월 주기로 신용 등급 확인하기. 허리띠를 졸라매고 조금씩 갚았다.

반년 뒤 은행을 다시 찾았다. 이자가 높지만 신용 대출을 할 수 있다고 한다. 당장 갚아탔다. 다시 반년 뒤 여러 은행을 돌았다. 조금 더 싼 이자를 찾았다. 또 갚아탔다. 신용도를 회복했다.

요즘도 대출 문제로 은행에 자주 간다. 일 년에 한 번 이상은 가지 싶다. 추가 대출 때문이다. 돈을 어떻게 쓰는지 연말 정산을 할 때마다 카드 사용 내역이 연봉보다 높다. 아껴 쓰는데도 적자가 나는 건지, 자기 마음대로 쓰고 있는 건지 알 길이 없다. 돈 얘기를 꺼내면 자기를 못 믿느냐며 불같이 화를 낸다. 말을 꺼낼 수 없다. 시도 때도 없이 오는 택배로 가늠할 뿐이다.

돈이 삶의 전부는 아니다. 없어도 살 수 있다. 불편할 뿐이다. 돈보다는 믿음, 존중, 사랑의 가치가 컸다. 행복을 덤으로 생각하듯 돈도 덤이라 생각했다. 열심히 일하면 돈도 따라온다고 믿었다. 가난한 집에서 태어나 가난하게 살았지만 결핍은 없었다. 없으면 없는 대로 살았다. 이 생각이 바뀌었다. 서운함이 쌓이고, 신뢰가 무너진 때문이었다. 뭐라도 기댈 곳이 필요했다.

모두 보는 앞에서 상사가 질책을 했다. 한마디로 성질을 부렸다. 시키는 대로 하지 않았다며 불같이 화를 냈다. 더 잘 고쳤는데, 지적이 아니라 화풀이였다. 시키는 대로 하지 않았으니 묵묵히 듣고만 있었다. 모두 보고 있었다. 안 볼 수 없다. 사무실이 떠나갈 정도로 목소리가 컸다. 너무 분한 나머지 아내에게 말했다. 회의실로 불러 조용히 말하면 되지 사람들 앞에서 그렇게 무안을 주느냐고 하소연했다. 당연히 내 편일 줄 알았는데, 아니었다.

"당신이 잘못했네. 그러게 왜 고쳐. 물어보고 고쳐야지."

"내 말은 그게 아니고, 어떻게 사람 많은 데서 그럴 수 있냐고."

"시키는 대로 했어야지. 당신이 잘못했어. 시키는 대로 했어봐. 그렇게 화냈겠어? 앞으로는 시키는 대로만 해."

"내 말은……."

기댈 곳이 없다. 아내도, 친구도, 집도, 회사도, 누구에게도 마음 편히 말할 수 없다. 통장 잔고만이 옅은 웃음을 짓게 했다.

그날 아내가 꺼낸 돈 얘기는 그나마 믿던 것도 물거품이라는 사실을 알려줬다.

집

퇴근 뒤 집에 들어선다. 불은 여전히 꺼져 있고 거실 한가운데에는 빨래가 쌓였다. 가끔은 침대 위에 올려놓는다. 같은 빨래더미이지만 괜히 화가 더 난다. 하기 싫은 일 떠넘기는 것 같고, 꼭 하라고 명령하는 듯하다. 자는 사람 억지로 깨워서 빨래 개라고 하는 느낌이다.

야근이 힘들다고 하면 뭐가 힘드냐고 말하는 아내다. 아내도 회사를 다녀본 사람이다. 육아와 회사일 중에서 고르라고 하면 주저하지 않고 회사를 고르겠다고 말한다. 그러니 내가 아무리 힘들다고 얘기해도 나는 힘들지 않아야 한다.

공군에 입대하기 전, 편하다고 생각했다. 30개월과 26개월의 차이를 몰랐다. 사람들은 군 생활 편했겠다고 말한다. 그러면 대답한다. 똑같이 힘들다고, 해병대보다 덜 힘들 뿐이라고.

힘들다고 말해도 아내 말은 똑같다. 더는 말이 필요 없다. 그저 시키는 대로 한다. 조금 더 힘들면 된다고 생각한다. 참지 못하고 폭발하기도 한다. 아내는 모르지만 침대 위 빨래는 도화선이 될 수 있다.

씩씩거리며 화를 삭인다. 설거지, 분리수거, 빨래, 화장실 청소. 12시를 넘기고 때로는 1시. 지친 몸으로 힘든 집안일을 마치고 침대에 눕는다. 핸드폰을 연다. 게임을 시작한다. 눈을 감았다 떴다. 게임하던 중이었다. 게임을 더 한다. 다시 눈이 감긴다. 알람 소리에 눈을 뜬다. 방금 전까지 게임한 듯한데 어느새 아침이다. 5분만 더 잤다가는 지각이다. 벌떡 일어나 반쯤 눈을 감고 화장실로 들어간다. 긴 하루를 보내고 집에 돌아와 현관 비밀번호를 누른다. 똑같은 하루다. 설거지, 빨래, 밥하기. 지친 우렁각시 노릇을 한다.

이런 삶을 원하지는 않았다. 집에 들어올 때 아이들이 반겨주면 좋겠다. 따뜻한 저녁상이 차려져 있으면 좋겠다. 고생했다며 위로하는 아내가 있으면 좋겠다. 낮에 고생한 아내를 위해 설거지를 하고, 같이 소파에 앉아 수다도 떨면 좋겠다. 다정하게 이야기하는 아빠와 엄마 사이에 아이들이 끼어드는 상상을 해본다. 웃음꽃 피는 우리집을 그린다. 현실은 정반대다. 싸늘한 분위기와 무거운 집안일뿐이다. 숨이 막힐 듯하고, 지친 몸은 더 지친다.

바람이 생겼다. '딱 하루만, 딱 한 번만.' 딱 하루만 아무 일 없이 씻지도 않고 잠들면 좋겠다. 화장실 청소를 딱 한 번만 해주면 좋겠다. 아니, 딱 한 번만 분리수거를 대신 해주면 좋겠다. 음식물 쓰레기라도, 딱 한 번만. 나도 사람이라서 안 할 때가 있다. 냄새나는 음식물 쓰레기를 놔둘 때가 있다. 분리수거를 건너뛸 때도 있다. 화장실 청소를 해야지 하다가 한두 달이 지나기도 한다. 잔소리가 예약돼 있다. 아침에 일어나자마자 잔소리를 듣고 침대에 눕기 전에도 듣는다. 시작과 끝이 일관된다. 도대체 어떻게 해야 힘든 내가 보일까?

가장 힘든 집안일이 화장실 청소다. 아토피가 있는 첫째 때문에 독한 세제를 쓸 수 없다. 구석구석 낀 물때를 솔로 빡빡 없애야 한다. 벽, 바닥, 변기, 욕조, 하수구. 닦고 또 닦는다. 하수구가 제일 싫다. 뚜껑을 열면 머리카락이 한가득 엉켜 있다. 다른 냄새는 못 맡는 아내가 이 냄새만큼은 기가 막히게 알아챈다. 한 시간이 금방 지나간다. 청소하느라 굽은 허리는 바로 펴지지 않는다. 허리가 약하다. 디스크가 또 튀어나오지 않게 조심하고 조심한다.

평일에 퇴근하고 청소하면 다음날 무척 피곤하다. 이런 피곤은 주말에도 풀 수 없다. 일찍 일어나는 아이들 밥을 챙겨야 하기 때문이다. 밥 먹고 설거지하면 10시가 넘는다. 대충 정리하고 청소를 한다. 거실, 안방, 아이들 방. 평소에는 작은 집이 청소만 하면 커진다. 청소기 돌리고 걸레 밀고 등에서 땀이 날 때쯤 청소가 마무리된다.

시계를 보면 점심을 준비할 시간이다. 아이들은 똑같은 메뉴를 싫어한다. 끼니마다 다른 음식을 해야 맛있게 먹는다. 냉장고를 뒤져 점심상을 차린다. 시간은 정말 빨리 간다. 점심 먹이고, 설거지하고, 잠깐 놀아준다. 숨바꼭질은 아이들이 가장 좋아하는 놀이다. 놀아주면서 집안일을 하기도 좋다. 술래가 돼 찾는 척하면서 거실에 어질러 놓은 장난감을 정리한다.

조금 놀아준 뒤 마트에 간다. 평일에 먹을 반찬을 만들어야 한다. 한가득 사온 재료로 몇 시간을 조리해 반찬통에 담는다. 꽉 찬 반찬통을 보면 흐뭇하다. 뻐근한 몸을 거실 바닥에 누인다. 스트레칭하듯 쭉 편다. 몇 번을 하다가 이내 잠든다. 저녁 5시에 말이다.

"이따 밤에 자! 지금 자고 밤에 또 안 자려고! 자지 말고 집안일해! 할 일이 얼마나 많은데, 얼른 일어나!"

"힘들다. 좀 쉬자."

"쉴 거면 나가서 쉬어! 집은 쉬는 곳이 아냐. 할 일이 얼마나 많은데, 피곤하면 평일에 쉬어. 집에 들어오지 말고 찜질방 가 쉬어!"

조금 누워 있다가 일어나야 한다. 잠깐 눈만 감는다. 아내 잔소리가 모깃소리 같다. 점점 작아진다. 코 고는 소리에 화들짝 깼다가 다시 잠든다. 한참을 잤다. 아내가 말한다.

"체력이 그렇게 약해서 어떻게 해. 보약 좀 지어 먹어. 당신이 찾아서 해. 당신까지 신경쓸 겨를이 없어."

부모님 집도 불편하다. 읍내에 있는 중학교와 고등학교를 다니느라 큰집에서 지냈다. 형도 누나도 그랬다. 나도 당연하게 생각했다. 평일은 큰집에서 학교를 다니고, 주말에는 집에서 농사일을 도왔다. 주말에는 재미있는 만화를 많이 했다. 꼭 보고 싶었다. 농사일은 만화 볼 시간을 빼앗았다. 해도 해도 끝이 없다.

부모님은 주말만 기다렸다. 무슨 일이 그렇게 많은지 하나를 끝내면 다른 일이 기다리고, 그 일을 끝내면 또 다른 일이 나타났다. 이 일만 끝내면 쉴 수 있겠지 하는 기대는 여지없이 무너졌다.

누나는 농사일을 절대 돕지 않았다. 아버지가 뭐라고 해도 안 움직였다. 집에서 나오지 않는 누나가 미웠다. 왜 누나만 특혜를 누리는지, 아버지는 왜 가만두는지 이해하지 못했다. 그때나 지금이나 그렇게 행동하는 누나가 밉다. 그런 상황을 만든 부모님은 더 밉다.

부모님에게 가장 많이 들은 말이 있다.

"공부해."

공부하라는 말을 너무 많이 들었다. 얼굴만 보면 들었다. 학교 끝나면 가방 던져놓고 놀러 나가 어둑해져야 들어왔다. 어김없이 공부하라는 소리를 듣는다. 듣기 싫었다. 제발 그 소리만 안 하면 좋겠다. 반항기 때문인지, 놀고 싶은 마음이 컸는지, 공부 자체를 싫어한 탓인지, 집에 공부하는 사람이 없어서 그런지, 말을 듣지 않았다. 놀기만 했다. 논다고 해봐야 산을 쏘다니거나, 운동장에서 야구하거나, 자전거 타는 정도였다. 공부를 안 하니 부모님은 계속 공부하라고 말했다. 얼마나 듣기 싫었는지 죽고 싶다는 생각을 했다.

'부엌에 칼이 있지. 그 칼로 가슴을 찌르면 될까?'

12살, 초등학교 5학년이었다.

"개 콧구멍 같은 소리 하고 자빠졌네."

공부하라는 말 다음으로 자주 들은 말이다. 무슨 일 때문에 들었는지는 기억나지 않는다. 뭐만 했다 하면 들었다. 초등학생 꼬맹이가 하는 말이 우스웠나 보다. 아버지는 보이는 대로 말했다. 제 딴에는 기발한 아이디어라도 어른 눈에는 같잖다. 개 콧구멍은 어린 내게 부정적 감정을 심었다. 나는 안 되는 사람이다. 잘하는 일이 없는 사람이다. 나는 개 콧구멍 같은 사람이다. 빨리 이 집구석에서 벗어나고 싶었다. 집에는 절대 연락하지 말고 살자고 내내 다짐했다.

'이 집구석이랑은 연 끊고 산다. 대학만 가면 정말 끊는다. 될 수 있는 한 멀리 있는 대학으로 가자. 먹고 살아야 하니 알바부터 찾아야겠지. 시간당 얼마지? 몇 시간을 일해야 하지?'

초등학교 때 컴퓨터 경진 대회가 열렸다. 전교생이 50명을 겨우 넘는 작은 시골 학교였다. 폐교 직전이었다. 수상 경력도 없었다. 4학년 때 담임 선생님 덕에 컴퓨터를 만났다. 딱 두 명만 컴퓨터를 배울 수 있었다. 6학년 1명과 5학년 1명. 6학년 선배가 졸업해서 빈자리가 생겼다. 다음해 경진 대회에 학교 대표로 나갔다. 아버지는 상을 받으면 컴퓨터를 사준다고 했다. 절대 상은 못 받는다고 생각한 모양이었다. 각 학교를 대표하는 사람이 60명도 넘게 모이는 대회였다. 불행인지 다행인지 3등, 장려상을 받았다.

진짜 사줄까, 컴퓨터? 의심했다. 너무 비쌌다. 자전거를 사달라고 했다. 자전거도 몇 달 뒤에 사줬다. 컴퓨터도 사줬다. 반년이 지난 뒤였다. 초등학생한테 반년은 엄청 긴 시간이다. '포기'라는 단어가 마음속 깊이 자리잡는 기간이다. 컴퓨터를 사도 즐거움은 잠깐이었다. 당연히 받아야 할 선물을 늦게 받는다고 생각했다.

컴퓨터 산 날이 아직도 기억난다. 컴퓨터를 잘 아는 사촌형을 데리고 대전에 갔다. 사촌형은 싼값에 좋은 컴퓨터를 사려고 흥정했다. 이제 돈만 내면 됐다. 아버지가 돈만 건네면 저 컴퓨터는 내 것이다. 품속에서 꺼낸 돈다발을 책상 위에 휙 던지는 아버지. 즐거운 얼굴이 아니다. 컴퓨터를 산 즐거움에 묻혔지만, 그 표정은 기억의 사진으로 찍혔다.

지금은 나도 아빠가 됐다. 그때 아버지가 한 행동이 조금은 이해된다. 왜 바로 사주지 않았는지, 왜 돈을 휙 던졌는지 알겠다. 돈이 없었다. 농사는 매달 돈이 나오지 않는다. 돈이 나오는 때가 있다. 추수가 끝난 때, 과일을 수확할 때. 가을이 돼야 돈이 생긴다. 가을에 사러 가니 컴퓨터가 생각보다 비쌌다. 훨씬! 혹시 몰라 챙겨 간 여윳돈마저 줘야 했다. 빼앗겼다. 아버지는 그렇게 많은 돈을 써본 적이 없다. 읍내 장날에 5만 원을 써도 과소비라고 잔소리했다.

아빠가 되니 그때의 아버지가 이해는 된다. 어린 아들이지만 당신 속마음을 이야기하면 얼마나 좋았을까. 미안하다는, 약속을 지키겠다는 말 한마디면 얼마나 좋았을까.

큰집에서는 공부하라는 말을 듣지 않았다. 어찌 보면 무관심인데, 더 좋았다. 자살 충동이 없어졌다. 그 덕에 살아 있는지도 모른다. 자유로운 영혼이 됐다. 사촌형이 넷 있다. 첫째 형은 16년 차이다. 둘째 형은 띠동갑이다. 넷째 형이 나보다 6살 더 많다. 큰형과 둘째 형은 직장을 다녔고, 셋째 형과 넷째 형이랑 한방을 썼다. 까불이는 얌전이가 됐다. 말이 없어졌다. 눈치를 보게 됐다. 친구를 데리고 올 수 없다. 텔레비전을 보다가 9시면 방으로 가 공부를 하거나 잠을 잤다.

큰집으로 보낸 이유를 아직도 모른다. 짐작만 할 뿐이다. 큰아버지는 초등학교 교사였다. 그전에는 소사로 일했다. 뒤늦게 공부해 교사가 됐다. 자식들도 조카들도 다 교사가 되기를 바랐다. 첫째 형이 바람대로 교사가 되지만 둘째 형은 반항했다. 큰아버지가 돌아가신 뒤 둘째 형이 그런 마음을 들려줬다. 큰아버지와 아버지는 성격이 정말 다르다. 성격만 보면 절대 형제가 아니다. 큰집에 살게 된 이유를 살아생전에 말하지 않으셨다. 형제는 형제인가 보다.

대학생이 되면서 드디어 집에서 멀어질 수 있는 기회가 왔다. 서울은 멀어서 두려웠다. 대전은 가까워서 싫었다. 아는 사람이 없는 곳으로 가고 싶었다. 대구를 골랐다. 집에서 멀어질 수 있고 주말마다 가지 않아도 됐다. 농사일을 돕지 않아도 괜찮았다.

방학 때 아르바이트를 구하려 했다. 농사일을 돕지 않아도 되기 때문이다. 아쉽게 구하지 못했다. 하루이틀은 좋았다. 삭막한 도시에서 지내다가 나무를 보니 좋았다. 방학 내내 집에 있으니 이때가 기회라는 듯 부모님은 힘든 일만 시켰다. 나이가 들어 힘이 빠졌다며 힘든 일은 젊은 내게 맡겼다. 다른 친구들처럼 하루 종일 뒹굴뒹굴할 수 있는 집에서 쉬고 싶었다. 늦은 시간까지 텔레비전을 보고 늦잠도 자고 싶었다. 우리집은 그렇지 못했다. 집은 불편하기만 하다.

사회 초년생이 돼 확실히 알았다. 지금 살고 있는 집이 가장 편하다는 것을. 시골집은 젊은 남자를 기다린다. 주말이 가기 전에 힘든 일을 몰아서 한다. 회사일은 대부분 앉아서 하니까 농사일을 하면 금세 지친다. 젊은 놈이 힘도 제대로 못 쓴다는 말을 듣는다. 잠도 충분히 못 잔다. 농촌의 시계는 무척 빠르다. 주말이면 도시에서는 10시나 돼야 일어나는데, 시골에서는 7시면 해가 중천이다.

앉아 있지만 회사일도 힘들다. 노동 시간이 길다. 날마다 13시간을 일한 적도 있다. 9시 출근, 10시 퇴근. 평일 내내 지쳐 있다가 주말에 내려와 농사일을 하면 미친다. 부모님은 앉아서 일하는 회사가 세상 편하다고 생각한다. 농사일보다 편하지만 힘은 든다.

결혼하고 나서 집은 더 불편한 곳이 됐다. 아내 눈치에 더해 부모님 눈치를 봐야 한다. 우리집은 포도 농사를 한다. 엄마 생신은 포도 수확기하고 겹친다. 아내는 평소보다 일찍 일어나 형수님하고 함께 생신상을 차린다. 형네 식구, 누나네 식구까지 밥상이 세 개나 필요하다. 아침을 먹으면 엄마 생신은 끝이다. 이제 포도 수확을 돕는다. 힘들다. 해보지 않아 더 힘들다.

아내를 도우려 하면 엄마 눈초리가 매서워진다. 긴 하루를 보내고 집으로 갈 준비를 한다. 치약과 칫솔, 아이들 양말, 장난감을 챙긴다. 엄마가 아내에게 한마디한다.

"니가 안 챙기고, 쟤가 챙기니?"

"저보다 잘 챙겨요."

엄마는 여자가 챙겨야 된다고 생각하신다.

"누가 챙기면 어때. 잘하는 사람이 챙기면 되지."

나도 한마디한다. 못마땅한 표정으로 바라본다. 집으로 돌아오는 길, 차 안에서 하소연이 이어진다. 스트레스를 푸는 방법인데, 듣기에는 거북하다. 니네 엄마가 어쩌고저쩌고. 한쪽 귀로 흘려보내면서 기도한다. '최대 권력자를 빨리 잠들게 해주세요.' 아이들은 이미 잠들었다. 졸음 가루가 아내에게도 뿌려지면 좋겠다. 한참 떠들던 아내도 잠든다. 고단했나 보다. 지금까지 깨어 있다니 용하다. 잠깐 평온이 찾아온다. 졸음도 같이 온다. 커피가 필요하다. 달달한 커피.

껍데기 행복

가장 어려운 사람이 있다. 이 사람하고 잘 지내면 세상 어떤 사람도 두렵지 않다. 언제 어디서 화를 낼지 모른다. 자기 말만 하다 끝난다. 반대 의견을 제시하면 묵살당한다. 상대방 말을 끊고 자기 의견을 말한다. 자기 합리화를 아주 잘하는 사람이다. 모든 잘못은 타인에게 있다. 나는 이 사람하고 같이 산다.

둘째가 아직 걷지 못할 때였다. 코 고는 소리 때문에 따로 자게 됐다. 코골이가 없던 사람이 코를 골기 시작했다. 처음에는 소리가 작았다. '쌔근쌔근'보다 약간 큰 정도였다. 살이 찌고 피곤이 쌓이면서 탱크처럼 커졌다. 잠자던 아이들이 코 고는 소리에 움찔움찔한다고 했다. 자고 있으니 몰랐다. 아내는 아이들을 다시 재우려 애썼다. 내가 자라는 말에 서운해서 억지를 부리면 짜증만 돌아왔다. 가족이면 같이 자야 한다는 핑계도 통하지 않았다. 혹시 마법 걸리는 날이냐고 물었다가 쫓겨날 뻔했다. 이때부터 각방을 썼다. 몸이 멀어지면 마음도 멀어진다는 말이 맞다. 아내가 점점 불편하다.

살짝 기분 좋은 날이었다. 볼에 키스하려니까 아내가 정색한다.

"이런 거 싫어한다고 했지. 앞으로 안 하기로 했는데, 왜 또 해. 잊을 만하면 하더라."

"아니, 좋아서 했지."

"내가 또 지랄해야 알아들어? 또 나가볼래?"

아내의 말은 끊임이 없다. 두 시간 동안 얘기하면 목이 쉴 듯한데, 말이 없어질 듯한데, 여전히 똑같이 화를 낸다. 말하다가 기분이 격해져 톤이 높아지기도 한다. 대꾸하면 4시간이 된다. 이때는 목이 좀 쉰다. 그래, 사람이라면 한계가 있지.

아내 얘기를 듣다보면 말 안 되는 말이 많다. 잘못 알고 있는 말을 한다. 내가 태어난 일조차 잘못이 된다. 동공은 커지고, 얼굴은 빨개지고, 아내 얼굴을 뚫어져라 쳐다본다. 참지 못해 한마디한다.

"그게 뭐!"

화나서 하는 말인데 곧이곧대로 들어 화가 됐다. 화를 화로 받아쳤다. 좋은 소리가 나올 리 없다. 이 한마디로 1미터 이내 접근 금지 명령이 내려졌다. 식탁에 같이 앉으면 안 된다. 소파에 함께 있으면 안 된다. 집 안에서 1미터 거리를 유지할 수 있어서 그나마 다행이었다. 좁은 신혼집이면 집 밖에 있어야 한다. 이날부터 되도록 가까이 가지 않았다. 아내도 밥을 따로 먹으려고 했다.

주말 아침에 일어나면 아이들 밥을 차려준다. 너무 안 먹을 때는 먹여주기도 한다. 이 시간에 아내가 먼저 밥을 먹는다. 아이들이 다 먹으면 나도 먹는다. 아이들이 남긴 밥을 놓고 반찬 몇 가지를 꺼낸다. 여유롭게 먹고 있으면 잔소리를 듣는다.

"빨리 좀 먹어. 할 일이 얼마나 많은데, 밥 먹는 것도 느려."

청소할 때, 빨래할 때, 음식 할 때 한쪽 구석에 있는 아내. 스마트

폰하고 사랑에 빠져 있다. 극한의 몰입을 보여준다. 소파에 앉을 시간이 거의 없으니 밥 먹을 때 빼면 가까이 갈 일도 없다. 자의든 타의든 1미터 접근 금지는 지켜졌다.

1미터 접근 금지를 철저히 지키지는 못한다. 외식할 때는 어쩔 수 없이 한 식탁에 앉는다. 맞은편에 아내가 앉는다. 나는 빨리 일어나기 편한 자리에 앉는다. 심부름을 해야 하기 때문이다. 점원 대신 왔다갔다해야 한다. 반찬 더 가져오고, 공깃밥 들고 오고, 물을 가져온다. 뷔페를 가면 아이들 먹을거리를 먼저 담아 온다. 아내가 먹을 접시를 가져다주면 자기가 좋아하는 음식이 아니라며 핀잔을 준다. 자기가 알아서 가져다 먹는다며 접시를 들고 와서는 또 한마디한다.

"잘 봐둬. 내가 뭘 좋아하는지."

1미터 접근 금지는 외식 때만 예외가 됐다. 집에서는 거의 같이 먹지 않는다. 가족이고, 같은 집에 살고 있고, 밥 먹는 시간도 비슷한데, 따로 먹는다. 누적의 힘은 대단하다. 어쩌다 같이 앉아서 먹으려면 어색하다. 반찬을 더 준비하는 시늉을 한다. 물이 없다는 둥 설거지를 해야 된다는 둥 뜸을 들인다. 그러는 사이 아내가 빨리 먹고 일어나기를 바란다. 같이 먹으면서 할 말도 없다. 같이 먹으면 또 핀잔을 주겠지.

"빨리 좀 먹어. 두리번거리지 좀 마. 먹는 데만 집중해. 왜 그렇게 두리번거려. 산만하게."

그렇게 지내다가 크게 싸운 적이 있다. 이유는 기억에 없다. 얼굴이 붉어지고, 눈은 아내를 뚫어져라 쳐다보고, 말할 기회를 찾고 있다. 말이 안 되는 지점에서 꿈틀한다.

"아까랑 말이 다르잖아. 아까는⋯⋯."

아내가 목소리를 높인다. 안 그래도 높은 언성이 더 높아졌다.

"집 나가! 너는 아직 정신 못 차렸어. 나가서 반성하고 와. 이번에는 6개월 나가 있어!"

"꼭 그렇게 해야 돼?"

"어! 너는 한 번도 내 얘기 들어준 적 없잖아. 이거라도 들어줘. 이런 사람이 어디 있냐? 남들은 못 나가서 안달인데."

"나는 안 그래. 전혀 좋지 않다고."

"서로 떨어져 있어봐야 더 알 거 아냐."

"저번에 일주일 해봤잖아."

"일주일 가지고 안 돼. 적어도 반년은 해봐야 돼."

"그렇게는 못하겠다."

"남자가 그거 하나 못 들어주냐. 마음대로 해. 현관문 건전지 빼버릴 테니까."

고집은 꺾이지 않는다. 손이 발이 되도록 빌었다. 6개월이 1개월로 됐다. 더는 양보하지 않는다. 제안을 했다. 잘 때 들어오고 잘 때 출근하기! 극적 합의가 타결되고 그 한 달이 계속되는 중이다. 자고 있을 때 출근하고, 자고 있을 때 퇴근한다. 주말부부 아닌 주말부부가 됐다. 신입 사원일 때 차장이나 부장이 집에 들어가지 않고 야근하는 이유가 궁금했다. 그 사람들도 지금의 나하고 비슷하겠지?

자고 있을 시간에 들어가야 하니 야근을 한다. 가짜 야근이지만 피곤이 쌓인다. 앉아만 있어도 힘들다. 가끔 일찍 들어가면 왜 벌써 왔냐고 한마디한다. 몇 번 일찍 들어갔다가 쫓겨날 뻔했다. 아내 말대로 집은 쉬는 곳이 아니다. 몸이 피곤해 쉬고 싶을 때가 있다. 일찍 들어가 쫓겨나면 안 된다. 위험한 베팅을 하기보다는 카페로 향한다.

카페에서 시간을 보내고 집에 들어간다. 사춘기 같다. 집에 들어가기는 싫고, 어디든 가고 싶은데, 마땅한 곳이 없다. 카페가 만만하다. 문을 열고 들어가면 시끄럽다. 말소리와 음악이 뒤섞여 있다. 혼자 앉아 있는 사람도 많다. 나 같은 40대도 많다. 저 아재들도 나 같은 사람일까.

집에 갈 시간이 됐다. 지금 출발하면 아내는 자고 있겠지. 지하철역에서 집까지 운동도 할 겸 걸으면 40분이다. 가는 길에 공원이 있다. 벤치에 앉아 하늘을 한 번 본다. 환한 가로등 불빛이 눈부시다. 가끔 운동하는 사람이 지나간다. 강아지하고 같이 나오는 사람도 있다. 고등학생 커플도 보인다. 한 무리가 지나간다. 가족 같다. 부부로 보이는 사람들이 지나간다. 나한테는 모기만 달라붙는다.

'나도 저러면 좋겠다. 아이들 데리고 나오면, 아내랑 같이 나오면, 그러면 좋겠다.'

자전거를 타고 지하철역까지 간다. 보통 버스를 타지만 오늘은 자전거다. 퇴근 때 자전거를 타면 20분이 줄어든다. 빨리 가면 아내가 깨어 있겠지. 한강으로 향한다. 그렇게 가면 집까지 1시간이다. 12시가 가까운데도 사람이 많다. 마주 오는 사람, 자전거 동호회 회원들이 스쳐 지나간다. 음악 소리가 메아리 같다. 좋은 자전거가 아니라서 오래 타면 무릎하고 엉덩이가 아프다. 잠깐 벤치에 앉아 한강을 바라본다. 강이 가로등을 품고 있다. 너울지며 살랑살랑 흔들린다. 핸드폰을 꺼내 버튼을 눌렀다. 보이는 풍경하고는 다르게 찍힌다. 사진을 지우고 한강을 본다. 강물에 흔들리는 불빛이 슬프다.

12시쯤 현관문을 열었다. 신발장 앞에 커다란 상자가 6개 있다. 아이들 책이다. 전집이 세 개, 적어도 100만 원은 되겠다. 외벌이 월급으로 한 달 살기 빠듯하다. 적자 보기 쉽다. 아무리 자기가 돈 관리를 한다지만 이렇게 큰돈을 상의 없이 쓰다니. '도대체 나는 뭐지?'

주말에 책 정리를 했다. 왜 샀냐고 물어보기 전에 아내가 말한다.

"읽을 책이 없어. 이제 인물이랑 나라, 동식물을 알아야 한대."

따지고 들까봐 선수 친다. 돈 얘기를 꺼내고 싶지만 참는다. 짜증 내면서 신경쓰지 말라고 얘기하겠지. 돈의 출처를 모른 채 꾹 참고 남은 책을 정리했다.

밤 11시. 조금 빨리 들어갔다. 아내가 거실에 있다. 드라마 정주행 중이다. 보통 잘 시간인데, 괜히 반갑다. 말을 건넨다.

"나, 왔어."

"……."

'사람을 보면 대꾸라도 해야 하는 거 아냐? 내가 투명 인간도 아니고.' 한번 참는다. 씻고 나오니 아내가 없다. 기분이 좋지 않다. 답답했다. 방문을 열었다. 아내는 이어폰을 낀 채 핸드폰을 보고 있다. 거실에서 보던 드라마를 계속 보고 있는 듯했다.

"얘기 좀 해."

"너랑 할 얘기 없어. 하려면 상태 좋을 때 해. 지금 너는 말할 상태가 아냐."

조용히 문을 닫았다. 남은 집안일을 했다.

일하고 있는데 문자가 왔다.

'월급 나온 거 정리했어?'

'아니.'

'니가 그렇지 뭐. 빨리 좀 해.'

월급날이 지나도 이체를 하지 않으니 물어본다. 월급이 나오면 대출 이자, 생활비, 보험, 카드 대금을 빼고 모두 아내에게 넘긴다. 이달에는 줄 돈이 없었다. 지난달에 카드를 너무 긁었다. 카드는 주말에 많이 썼다. 이달은 생활비를 몇 십만 원밖에 못 준다고 얘기했다. 카드 내역은 아내도 대충 안다. 같이 있을 때 쓴 돈이었다.

'이번 달에 카드값 많이 나왔어. 생활비 많이 부족하네.'

'안 돼. 어떻게든 돈 만들어서 보내.'

월급쟁이한테 돈을 만들라고? 그것도 며칠 안에? 몇 글자 문자 때문에 맥이 빠진다. 한숨만 나온다. 일이 손에 잡히지 않는다. 탕비실로 향했다. 달달한 게 필요했다.

봄날이었다. 이날도 걸어서 집에 갔다. 벚나무 가로수길이다. 벚꽃이 활짝 핀 날이었다. 가로등 불빛 아래 만개한 벚꽃이 화려했다.

"벚꽃아, 너는 예쁜데 이 길은 왜 이렇게 슬퍼 보이냐."

2부

내가 ······
우울증이라고

나는 공감 제로. 뭐가 필요할까?

2016. 5. 13
공감 쩨로

●

세상에서 가장 어려운 사람, 아내. 아이를 키우면서 부모 마음을 알게 되듯이 결혼 뒤에야 아내의 본모습을 봤다. 아내는 벽이다. 높은 벽이다. 절대 넘을 수 없는 벽이다. 인내의 한계를 알게 해준 사람이 아내다. 살면서 한계까지 간 적이 없다. 그럴 상황도 만들지 않는다. 조금만 숙이면 상대도 숙이기 때문이다.

한계가 없는 줄 알았다. 모든 것을 다 받아줄 넓은 품이 있다고 자만했다. 싸운 적이 없다. 상대가 화나도 나는 화나지 않았다. 끝이 보이지 않았다. 더 정확히 말하면 한계가 뭔지도 몰랐다. 이런 착각을 아내가 쉽게 깨줬다. 잔소리는 꾀꼬리의 지저귐이다. '따따따.' 고통스럽다. 식어버린 사랑의 힘으로 참을 수 있는 문제가 아니다.

'나는 관대한 사람이니까.'

최면을 걸어야만 한다. 끝까지 참지 못하고 몇 마디 하면 고통의 시간은 길어진다. 30분까지는 참을 수 있었다. 30분만 '따따따' 해달라고 했다. 그 정도는 참을 수 있었으니까. 결혼 생활이 한 해 두 해 지나고 나 자신을 보니 30분은커녕 5분도 못 참고 있었다. 어쩔 때는 지나가는 한마디에 빠직하는 나를 본다.

여러 가지 상황이 있다. 육아, 아내의 성질머리, 회사의 상황, 며느리를 탐탁찮아 하는 부모님, 도끼눈의 누나. 인내의 쓴 잔을 벌컥벌컥 마셔야만 했다. 술은 한 잔 마신다고 취하지 않는다. 두 잔 마신다고 고주망태는 안 된다. 많이 마셔야 취한다. 필름이 끊긴다. 앉은 자리에서 계속 마시면 취한지도 모른다. 인생의 쓴 잔을 한 잔 한 잔

마실 때마다 쓰라림이 온몸으로 퍼진다. 내가 아픈지도 모른다. 곪아터지는지도 모른다. '따따따'에 면역력을 키워야 한다. 내면을 숙성해야 한다.

싸우면서 친해진다는 말이 있다. 많이 싸웠으니 우리는 천생연분이 돼야 한다. 절대 떨어질 수 없는 사이여야 한다. 지금 모습을 보면 싸우면서 친해진다는 말은 거짓말이다. 싸움은 상황을 더 좋지 않게 만든다. 감정은 쌓이면 미움을 낳는다. 시간은 약이 아니다. 망각의 물을 마실 수 있는 좋은 방법이기는 하지만 뇌는 성능이 너무 좋다. 무뎌지기기는 하지만 그때의 감정은 살아 숨쉰다. 갈등에 대처하지 않으면 속이 곪을 뿐이다. 그다음 2차 반응이 나온다. '싫다!'

결혼 10년 동안 둘이 많은 것을 쌓았다. 좋은 점도 있고 싫은 점도 있다. 좋은 점은 많지 않다. 불행하다. 싸운 이유는 기억에 없다. '싫다'는 이미지만 남는다.

남편으로서, 가장으로서 좋은 사람이 되려 했다. 아내가 원하는 대로 무엇이든 해주려 했다. 인내의 쓴 맛을 넘기지 못해 공허한 사이가 됐다. 무엇이 문제이고 어떻게 풀어야 할지 고민은 한다. 돌파구를 찾으려 해도 보이지 않았다. 서로 도와주지도 않는다. 좋은 글을 많이 읽어도 늘 제자리다. 문제는 무엇이고 해법은 어디에 있을까.

비슷한 부부들을 많이 본다. 우리가 조금 더 심하다. 아내는 다들 비슷하다고 말한다. 우리만 이상하지는 않다고 말한다. 모두 이상하다고 소리친다. 이렇게 불편한데, 이게 정상일까?

저 멀리 보이는 이혼

아내는 나하고 다르다. 환경과 성격, 모든 면이 딴판이다. 달라서 좋
아했다. 지금은 이 '다름'이 힘들다. 부자는 아니지만 돈 걱정 없던
아내다. 원하는 게 있으면 든든한 부모님이 지원해줬다. 자기 의견을
거리낌없이 말할 수 있는 환경이었다. 아내는 첫째로 태어나 사랑을
독차지했다. 친척들이 서로 안아준다고 해 땅을 밟지 않고 자랐다고
한다. 자기 입으로 사랑을 많이 받았다고 말한다. 성격 또한 시원하
다. 하고 싶은 말은 해야 직성이 풀린다. 궁금한 일은 바로 물어봐야
하고 뭐든지 빨리빨리 해야 한다. 회사 생활에서도 빠른 일처리가 매
력이었다. 장인어른 성격을 물려받았다. 자기가 하는 일을 얘기하고,
듣는다. 차를 같이 마시고, 저녁에 공원으로 마실을 간다. 도란도란
이야기의 샘이 마르지 않는다.

　가난한 시골에서 태어난 나는 돈 걱정이 따라다녔다. 시골에 살
때는 부족하지 않았다. 조금 더 큰 읍내, 대구, 서울로 올라오니 돈이
한두 푼 들어가는 게 아니었다. 친구들 씀씀이도 달랐다. 부모님은
돈을 아껴 쓰라고 하셨다. 올해 농사는 비가 너무 와서, 또는 날이
너무 가물어서 손해가 크다는 말을 달고 살았다. 풍년이라는 말을
듣지 못했다. 뉴스는 풍년이라는데, 우리집은 아니었다. 돈 이야기를

꺼내지 못했다. 눈치를 봤다. 성격 탓도 있다. 집안의 유일한 여자인 누나가 귀여움을 많이 받았다. 막내인 나보다 더. 말도 잘하고 공부도 잘하는 누나는 부모님의 희망이었다. 기가 죽었다. 관심을 기다려야 했다. 참아야 했다. 사회생활을 하면서 분위기가 나아졌지만, 속 얘기를 꺼내지는 않았다. 형도, 누나도, 부모님도 속 얘기를 하지 않았다. 집안 행사가 있으면 모여서 밥 먹고 어느 집이나 하는 잔소리를 듣고 헤어졌다. 겉으로는 화목해 보이는 집이다.

아내의 당당함이 좋았다. 내가 망설이는 말을 시원하게 하는 모습이 좋았다. 아내는 인내심 많은 내가 마음에 들었다. 급한 성격 탓에 실수가 잦았는데, 내 인내와 차분함으로 브레이크를 걸 수 있기를 바랐다. 서로 보완하는 존재라 믿었다. 우리 둘의 결혼도 설렘으로 시작했다.

달콤한 연애 기간을 보내던 우리가 처음으로 삐꺽거렸다. 일명 세탁기 사건이다. 총각 때 쓰던 세탁기를 그대로 쓰기로 했는데, 누나가 결혼 선물로 세탁기를 사준다고 했다. 아무 생각 없이 그러라고 했다. 사지 않기로 했는데 말이다. 이 이야기를 전했다.

"세탁기는 그대로 쓰기로 했는데, 해준다고 덥석 받으면 어떻게 해. 취소하고 다른 걸로 해달라고 해."

그대로 전했다.

"누나, 예비 신부가 세탁기 말고 다른 걸로 해달래."

누나는 알았다고 말은 하면서도 표정이 달라졌다. 맞다. 나는 '무뇌충'이다. 여기서 멈춰야 했다. 예비 신부에게 그대로 전했다.

"그렇게 얘기하면 내 꼴이 어떻게 돼. 이상한 년으로 볼 거 아냐."

"누나가 아무 말도 안 했어. 괜찮아."

시원한 누나 성격처럼 아무 말 없이 지나갔다. 괜찮아 보였다.

첫 사건은 이렇게 끝났다. 아내에게 사과하지 않은 채 넘어갔다. 고맙게도 빨리 잊어줬다. 인간은 망각의 동물이라고 하지만, 아내의 망각은 다른 사람보다 더 빠르다.

다음은 냉장고 사건이다. 세탁기처럼 결혼한 누나가 주고 갔다. 일인용이지만 신혼집에 들어갈 자리가 없었다.

"누나야, 냉장고는 그냥 버릴게."

"그걸 왜 버려? 내가 아껴서 산 냉장고를. 절대 버리지 마. 시골에 갔다 놔."

시골집에 전화를 했다.

"누나가 냉장고 버리지 말고 시골로 보내래요."

"놓을 곳도 없는데 가는……."

아내가 한마디한다.

"이미 준 물건인데, 왜 그런대?"

부모님도 귀찮은 눈치였다. 냉장고는 한동안 베란다에 모셔뒀다. 한 달 뒤 집들이를 할 때 부모님과 형이 같이 올라왔다. 내려가는 길에 냉장고도 함께 시골집으로 보냈다. 누나는 냉장고를 포도밭에 두라고 했다. 포도 농사가 한창일 때는 밭에서 끼니를 해결하는데, 냉장고가 있으면 편했다. 그러나 밭에는 다른 냉장고가 있었다. 지금 그 냉장고는 시골집에 없다. 아내는 그 일을 두고두고 얘기한다.

"가정을 꾸렸으면 가정의 울타리를 만들어야지. 언제까지 가족에서 못 벗어날 거야?"

휘둘리는 나를 보고 하는 소리다. 그때 나는 이런 생각을 했다.

'가족인데 울타리는 왜 필요해? 서로 맞춰가면서 사는 거지.'

누나 말을 잘라야 했다. 이미 내 물건이니 왈가불가하지 말라고 끊어야 했다.

기다림을 포기할 무렵 아이가 찾아왔다. 첫째다. 제주도 여행을 갔는데, 아내가 이상했다. 잘 먹고 잘 싸는 사람이 소화가 되지 않는다며 약국을 몇 번 들렀다. 체력이 좋은 사람이다. 우도봉을 오르는데 힘들어한다. 1시간째 등산하는 사람처럼 헉헉거린다. 임신 테스트를 하니 희미한 두 줄이 보인다. 며칠 지나 다시 했다. 선이 뚜렷해졌다. 반가웠다. 아빠인 나도 태교에 열심히 동참했다. 마사지, 책 읽어주기. 아빠 목소리 들려주기. 텔레비전을 봐도 아내는 당기는 음식이 없었다. 어디든 달려갈 준비가 돼 있었지만 아내는 말이 없었다.

시골로 내려가는 길, 차 안에서 아내가 말했다.

"어머님한테 손두부 해달라고 하면 안 돼?"

"손두부가 손이 얼마나 많이 가는데. 늙으셨고, 힘들어서 안 돼."

아내는 자기 엄마 힘들다고 평생에 한 번 할까 말까 한 부탁을 거절했다며 서운해했다. 누구보다 빨리 잊는 아내가 손두부는 자꾸 생각난다고 한다.

아이가 세상에 나온 뒤로 삶이 많이 변했다. 잠을 제대로 잘 수 없다. 밥을 편히 먹을 수 없다. 빨래도 많다. 할 일도 늘었다. 분유 타기, 트림, 목욕, 안아주기, 재우기. 놀아주기. 피곤이 쌓였다. 인내의 한계는 점점 작아졌다. 둘째가 태어난 뒤에는 더 힘들어졌다. 20개월 차이다. 첫째가 며칠만 늦게 태어났으면 연년생이다. 연년생을 키워본 사람은 어려움을 잘 안다. 초보 엄마가 연년생을 키우려면 정말 힘들다. 도움이 필요하다. 아이가 한 명일 때 육아는 육체노동에 가깝다. 두 명이 되면 두 배로 힘든 육체노동과 정신노동이 같이 찾아온다. 농담으로 셋째 이야기를 하면 욕이 먼저 튀어나온다. 둘째가 태어날 때 쯤 회사를 옮겼다. 야근이 없는 곳이었다. 아내도 내가 정시 퇴근을 해 집안일을 하고 아이들을 돌보기를 바랐다.

아이는 큰 기쁨을 주지만 그만큼 육아도 힘들다. 여유가 도망간다. 감정 조절 시스템에 버그가 생긴다. 어떤 말도 참을 수 있고 어느 누구하고도 싸우지 않던 내가 화를 내기 시작했다. 하다못해 30분은 견딜 수 있었는데, 점점 짧아졌다. 그냥 하는 한마디도 거슬린다. 싸움이 잦아졌다. 아내도 나를 받아주지 못했다. 나보다 힘든 사람은 아내다. 아내가 좋아하던 내 장점, 차분함과 인내가 없어졌다.

장인어른은 여행을 가거나 집안 행사가 있을 때 하나부터 열까지 스스로 다 하신다. 장모님은 장인어른이 짜 놓은 계획에 무임승차하신다. 아내는 능동적인 아버지와 수동적인 어머니 밑에서 자랐다. 적극적인 남성상과 수동적인 여성상을 가지고 있다. 나는 적극적인 사람이 아니다. 수동적인 삶을 살았다. 내성적이고 소심하다.

제주도 여행도 아내 혼자 거의 모든 일을 계획했다. 자기가 왜 다 해야 하느냐고 불만을 털어놓는 아내에게 나는 대답했다.

"여행은 무계획으로 가는 거지. 다니다가 좋은 곳이 있으면 거기서 멈춰서 보는 거지."

아내는 무계획으로 움직인 적이 없다. 무계획을 질색한다. 첫째 돌잔치도 비슷했다. 아내가 하나부터 열까지 다 예약했다. 인터넷 뒤져 후기 읽고 가격 비교해서 싸고 좋을 곳을 알아냈다. 답례품도 알아보고, 초대장도 만들었다. 도와주지 않는다며 불평했다. 그런 아내에게 나는 말했다.

"알아서 잘하네."

수동적인 태도와 무계획을 싫어하는 아내가 요구 사항이 많아졌다. 불평이 섞여 있으니 곱게 들리지 않는다. 점점 인내의 바닥을 드러내는 나도 꿈틀거린다. 나는 평화주의자다. 맞서 싸우기보다는 피하는 쪽을 선택한다. 아내는 싸우는 그 순간만 넘기려 한다며 나더러 비겁하다고 말한다. 싸움은 싸움을 낳는다. 순간을 모면하려고 지키지 못할 약속을 한다. 희망 고문을 한다. 서로 상처를 주며 우리는 지쳐가고 있다.

소통

신혼집은 복도식 아파트였다. 큰 방 하나에 작은 방 하나, 안방보다 작은 거실, 혼자 겨우 들어갈 수 있는 부엌. 지은 지 15년 된 작은 아파트는 외벽에 페인트를 칠하고 있었다. 신혼집도 예쁘게 새 단장을 하고 싶어 문, 문틀, 손잡이에 페인트를 칠했다. 아내가 미적 감각이 있어서 시키는 대로 하면 예쁜 집이 된다. 문틀과 방문을 하얗게 칠했다. 난생처음 페인트 붓을 잡았다. 바를 때는 하얗고 예쁘더니 마르니까 얼룩이 졌다. 세 번은 칠해야 색이 잘 나온다고 한다. 한 번 더 칠하니 기운이 달린다. 주말에는 집안 행사가 기다리고 있어 평일에 작업했다. 밤 12시까지 페인트 냄새를 맡다가 잠들었다. 얼룩을 어느 정도 때우고 페인트칠은 그만하기로 했다.

낡은 싱크대는 시트지로 가렸다. 가스레인지 주변에 낀 얼룩도 벽돌 무늬 시트지로 해결했다. 새로 타일을 붙인 듯했다. 격자무늬 벽지로 거실을 도배했다. 장모님이 요령을 알려주셨다. 풀칠하고 바로 바르면 공기 방울이 생긴다. 벽지가 풀을 먹게 10분에서 20분 정도 기다려야 한다. 방울방울 신혼의 단꿈을 꾸며 집을 꾸몄다.

신혼집은 10층이었다. 거실에서 쉬고 있으면 아래층에서 담배 냄새가 올라왔다. 벌떡 일어나 베란다로 나가서 확인한다. 담뱃불이 보이지 않는다. 아래층도 그 아래층도 흔적이 없다. 위층도 살피지만 아무도 없다. 냄새만 올라왔다. 이미 상황이 끝난 뒤다. 결국 범인은 찾지 못했다. 냄새 없애는 법을 검색했다. 촛불이 효과가 있다고 한다. 안 하는 것보다 낫다는 생각에 촛불을 켰다. 카펫 위에 이벤트용 촛불을 켜놓고 있었다. 납작한 초라 오래 타지 않는다. 초를 세워두지 않아도 돼 편했다.

그날도 거실에서 텔레비전을 보고 있었다. 세탁기가 삑삑거렸다. 빨래를 꺼내러 베란다로 가는 길에 초를 건드렸다. 초가 저만치 튕겨나가고 촛농은 물 뿌리듯 흩어졌다. 카펫에, 내 발등에. 그 작은 초에서 그렇게 많은 촛농이 나왔다.

"조심 좀 해. 저거 어떻게 할 거야. 왜 사람이 조심성이 없냐. 카펫, 어떻게 해."

잔소리가 더 이어진다. 조심성이 없다고 반복해서 말한다. 가만히 듣고 있었다. 10분이 지나서 진정된 아내에게 말했다.

"촛농은 내 발등에도 떨어졌어. 뜨겁더라."

"어머! 미안해. 아팠겠다. 괜찮아?"

아내는 내 발등으로 시선을 옮긴다. 아픈 데는 발이 아니었다.

동해안에 자리한 예쁜 리조트로 가족 여행을 갔다. 넓은 주차장과 리조트 뒤로 보이는 바다가 가슴을 확 트이게 했다. 늦게 도착해서 산 전망 방을 배정받았다. 짐을 풀고 광장으로 나갔다. 사진 찍을 만한 곳이 많았다. 아이들을 목말 태웠다. 품에 안고 바다를 배경으로 사진을 찍었다. 달리기 시합도 했다. 좋아하는 아이들을 보니 나도 좋았다. 쫄래쫄래 따라오는 아내도 싫은 기색이 없다.

아이들을 씻기고, 바르고, 입히고, 머리 말려주고, 텔레비전을 봤다. 아이들은 기웃기웃하며 안주를 집어 먹다가 이내 곯아떨어진다. 집에서 가져온 와인을 한 잔씩 따랐다. 아내는 술을 전혀 못한다. 한 잔만 마셔도 얼굴이 빨개진다. 누가 보면 혼자 술 한 짝은 마신 듯하다고 말한다. 술을 마시기보다는 분위기를 잡고 싶었다.

그동안 못한 이야기를 하고 싶었다. 속내를 털어놓고 싶었다. 상처만 남은 부부였다. 서로 의미 없는 상태였다. 아내로서, 남편으로서 기대하는 바가 없다. 아이 엄마, 아이 아빠일 뿐이었다. 관계를 개선하고 싶었다. 불편한 관계는 엄마와 아빠로 살아가는 데 걸림돌이 된다. 아이들에게 상처가 될 수도 있다. 이유가 뭐든 예전처럼 웃는 아내가 보고 싶었다. 내 마음을 다 보여주자고 생각했다. 분위기를 잡고 마음속 깊이 있는 말을 꺼내려 했다.

'요거 한 잔만 마시고 얘기하자.'

목구멍까지 올라온 말은 입 밖으로 나오지 않았다.

'그래 요거 한 잔만 더 마시고 얘기하자.'

한 번도 속마음을 제대로 말한 적이 없어서 그런지 말은 입안에서 맴돈다. 와인 잔만 만졌다. 아내가 먼저 말을 꺼낸다.

"마흔이 넘었어. 언제 고칠 거야? 부끄럽지도 않냐? 언제까지 어린애처럼 그럴 거야? 가장이야."

늘 나오는 레퍼토리다. 이 말이 시작이 됐다. 늘 하던 말이라 솜

털처럼 가벼워야 했는데, 이날은 그냥 지나치지 못했다. 울분이 터졌다. 입안에서 맴돌던 말이 튀어나왔다. 가시 돋친 말이었다.

"나를 평가하기 전에 물어봐. 왜 네 멋대로 생각하고 판단해. 뭐가 어린애 같다는 거야?"

"당신은 부모로서 희생정신이 없어. 기분 내키는 대로 하잖아. 앞으로 어떻게 될지 생각하고 행동해봐. 좀 멀리 보고 행동해봐. 그런 적이 있어야지 말이지."

"희생정신이 없다고? 그럼 여태껏 집안일하는 건 뭔데?"

"그게 힘들었냐? 그렇게 힘든 줄 몰랐네. 힘들면 하지 마. 허우대는 멀쩡해가지고 써 먹을 데가 없어."

"그런 말이 아니잖아. 왜 네 말만 해!"

"힘들면 하지 말라고. 그때그때 얘기해. 이렇게 쌓았다가 얘기하지 말고. 남자가 쪼잔하게."

"그런 말이 아니잖아. 대화 좀 하자고!"

"어휴, 내가 한 말 그대로 하네. 그래, 어디 한번 해봐. 해보자고."

"내가 왜 네 말에 맞는다고 하는지 알아? 나는 한 번도 네 말이 맞다고 생각한 적 없어. 늘 얘기하잖아. 나는 아니라고. 나에 관해 이러쿵저러쿵 얘기하는 거 늘 아니라고 말해. 그런데 너는 그 말을 듣지 않아. 인정하지 않아. 오히려 자기 말이 맞는다고 몰아세우지. 나는 또 아니라고 하고. 그게 계속 반복되면, 내가 잘못했다고 해야지만 끝나. 너는 내가 아닌데 왜 네가 내 마음을 결정해. 내 마음은 내가 가장 잘 알아. 그런데도 너는 뭐라고 하는지 알아? 내가 내 마음을 제대로 모르고 있다고 얘기하지. 내가 나를 얘기하는데 왜 듣지 않는 거야. 왜 네 말만 해? 계속 이러는 거 싫어. 싸우기 싫어. 힘들어. 힘들어서 못 이기는 척 맞는다고 하는 거야."

"아이고 그러셨어요. 네."

"너 지금 뭐하냐? 뭐하는 짓이냐?"

"마음대로 하세요. 술 마시려면 곱게 마시지, 남자가 치사하게. 무슨 말만 하면 맨날 아니래. 야! 술 마셨으면 그냥 자."

"하! 너는 뭐가 그리 당당하냐. 미안하다는 말 한 번을 안 하냐!"

"그래, 미안하다. 미안해. 됐냐?"

아차차 말이 많아졌구나. 내가 너무 많은 말을 하고 있구나. 아내는 자는 척한다. 이왕 이렇게 된 거, 더 쏟아냈다.

"싫은 소리를 계속 듣는다고 해서 내성이 생기지 않아. 나도 그런 줄 알았어. 그런데 아냐. 오히려 내성이 점점 약해져. 제발 좀 그런 소리 안 했으면 좋겠어. 바보 같다느니, 멍청하다느니, 여자 같다느니, 초등학생 같다느니, 정신병자라느니. 제발 그런 말 좀 하지 마라."

썩소와 비아냥거림이 들려온다. 더 말하고 싶지만 또 참는다. 혈압이 높아진다. 가슴에 돌이 얹힌 듯하다. 답답한 마음을 쏟아내면 후련할 줄 알았는데, 더 심한 답답함이 가슴을 짓누른다. 찬바람을 쐬고 싶었다. 베란다 문을 열고 나가려는데 아이들 감기 걸리니 얼른 문 닫으라는 짜증 섞인 말이 들려온다. 남은 술을 다 마시고 한동안 자리에 앉아 있다가 방으로 들어갔다. 취하지는 않았다. 소주 한 병이 주량인데 고작 와인 석 잔이다. 쌓아둔 감정이 터져 얼굴이 빨개졌다. 남들은 속마음을 털어놓으면 가까워진다고 하는데 우리의 결말은 달랐다.

아침이 됐다. 거실로 나오는 내게 아내가 한마디한다.

"앞으로 술 먹지 마."

"······."

"대답해! 알았어, 몰랐어?"

"······알았어."

"다시 술 먹기만 해봐."

"술 먹고 추태 보여서 미안하다."

쌓인 감정을 풀어놓은 용기는 비아냥거림으로 돌아왔고, 결론은 금주로 마무리됐다.

늦은 여름휴가를 갔다. 마지막 코스는 아내가 좋아하는 횟집으로 정했다. 비싸다며 거절했지만 마지막이니 먹자고 했다. 그만큼 써도 괜찮다고 설득했다. 우리집 모토가 있다.

'먹는 데 아끼지 말자. 아끼다 골병 나면 병원비가 더 든다.'

상에 다 놓을 수 없을 정도로 음식이 많이 나왔다. 부지런히 접시를 비워야 다음 음식을 놓을 수 있었다. 회하고 대게를 같이 먹었다. 블로그에서 본 사진보다 더 푸짐했다. 아내가 술을 마시라고 권했다. 술을 끊고 있었다. 1년이 넘도록 입에도 대지 않았다. 장인어른이 권하는 술만 마셨다. 아내하고 같이 마시려던 와인도 어쩌다 마시는 술이었다.

"이런 날 먹지 언제 먹냐. 그냥 먹어."

"싫어. 내 몸 내가 알아서 하겠다는데 왜 강요해."

"아, 좀, 그냥 먹어."

잔소리가 이어졌고, 또 핑계를 대야 했다.

"운전하는 것도 신경쓰여."

아내는 고집을 꺾지 않았다. 더 이야기하면 큰소리가 날 듯했다. 어쩔 수 없이 맥주 한 병을 시켰다. 겨우 진정이 됐다. 강요라는 말이 화근이었다. 길게 이어질 뻔했다. 잔소리는 옆 테이블을 의식해서 짧게 끝났다. 불만이 쌓인다. 이유도 모른 채 미안하다고 해야 한다. 눈을 똑바로 쳐다보고 미안하다고 하면 진심이 아니라고 한다. 고개를 숙이고 다시 미안하다고 했다. 미안한 척 연기했다.

장사가 잘되는 횟집이었다. 점심때라 바빴다. 점원이 주문을 잊었다. 직접 다가가서 맥주를 달라고 했다. 밥을 다 먹을 때까지 맥주는 나오지 않았다. 맥주를 빼고 계산했다. 아내가 뒤에서 쏘아붙인다.

"거봐. 또 네가 원하는 대로 됐어."

의견을 확실히 밝혔는데 통하지 않았다. 책에 나온 내용이었다. 자기표현을 정확히 하라고. 현실은 달랐다. 책도 다른 사람들 이야기였다. 아내에게는 통하지 않았다. 원하지 않은 술을 왜 마셔야 하는지 이해할 수 없었다. 술도 내가 욕심을 부린 탓에 안 나왔다는 아내. 도무지 모르겠다. 이 무렵 심리 상담을 받고 있었다. 아내를 도대체 이해할 수 없다고 상담사에게 말했다. 상담사도 고개를 갸웃하더니 되물었다.

"원래 강요 많이 하시나요?"

"네."

아내는 술 마시는 모습을 보고 싶어하는 듯하다고 상담사는 말했다. 아내 생각에 먼저 공감을 표시한 뒤 거절하는 말을 하라고 권했다. 이렇게 말하라고 가르쳐줬다.

"술 마시는 걸 보고 싶구나. 그래, 이런 날 마셔야 제맛이지. 그런데 운전도 신경 쓰이고 술도 끊었으니까 다음에 마시면 안 될까?"

아내가 무슨 생각을 하는지 전혀 모르겠다고 하니 평소에 대화를 많이 하란다. 그걸 누가 모르나. 대화가 안 돼서 여기를 찾아왔지.

술도 못 마시는 사람이 술 이야기를 꺼내는 이유를 이해할 수 없었다. 상담사도 강요하는 성격이냐고 물을 뿐 다른 질문은 하지 않았다. 아내를 제대로 파악하지 않고 말하는 듯했다. 상담사의 말도, 아내의 말도 이해되지 않았다. 아내는 술을 싫어한다. 술 마시자고 한 적이 한 번도 없는 사람이다. 술 이야기를 꺼내는 일 자체가 이해되지 않았고, 나보고 마시라고 하는 모습은 더더욱 이해할 수 없었다. 이해가 돼야만 상담사가 권한 대로 할 수 있는 사람이 나라는 존재다.

시간이 많이 지난 지금은 아내의 심정이 보인다. 술보다는 분위기에 취하고 싶어한다. 자기는 못 마시니까 나라도 마시기를 바란다. 그런데 남편이라는 사람은 강요하느냐고 몰아세우며 자기를 나쁜 여자로 만든다. 짜증이 난다. 오기가 생긴다.

이런 사건은 여러 번 있었다. 매번 이유 모를 짜증을 대할 때면 속이 부글부글한다. 이유를 물어보면 대답도 비슷하다.

"원래 그래. 눈에 거슬리면 그때그때 얘기하는 거 알잖아. 그걸 받아주거나 받아주지 않는 건 너 상태에 따라 다른 거야. 나한테 물어보지 마. 너 자신한테 물어봐. 그리고 이런 거 알고 결혼한 거잖아. 다 맞추겠다고 했잖아. 왜 지금 와서 딴소리야."

이 말을 듣고 책과 상담사가 알려준 방법을 실천해봤다. 먼저 공감한 뒤에 내 이야기를 하자.

"그래, 그렇게 얘기했지. 다 못 받아줘서 미안해. 그런데 그게 정말 힘들다. 당신 말을 듣고 있으면 맥이 빠지고 화도 나고 해."

"그럼 이혼해. 같이 살지 않아도 돼. 아니면 나가서 혼자 살든가."

"……."

책도 상담사도, 자기들만의 얘기다.

소와 사자

"판단하기 전에 물어봐."

아내가 자주 하는 말이다. 아내는 시키고 나는 들어준다. 토요일 아침에 아이들 밥을 준비하고 있었다. 뭘 해야 할지 물었다. 달걀밥을 해주라고 했다. 늘 하던 대로 달걀, 참기름, 간장을 뒤섞었다. 아내가 마음에 안 든다며 한마디한다.

"간을 김으로 하지. 애들이 안 먹어."

"진작 말하지. 애들이 그런지 어떻게 알아. 하던 대로 한 거지."

"당연한 것도 물어봐. 질문이 없으니까 실수하는 거야. 내가 뭐라 그랬어. 뭐 할 때마다 물어보라고 했어, 안 했어? 오늘 물어봤어?"

"모르는 걸 어떻게 물어봐. 뭘 알아야 물어보지. 바뀐 걸 내가 어떻게 알아?"

"니가 매사 관심이 없어서 그렇지. 나한테 관심 없는 건 괜찮은데, 애들한테는 관심 좀 가져라. 알았지?"

"……."

"알았어? 몰랐어? 대답해!"

"알았어."

간장을 김으로 바꾼 사실은 전혀 몰랐다. 하던 대로 했다. 아이들한테 관심 없는 아빠가 됐다.

　판단이 서고 안 서고가 없었다. 아내는 당연한 것도 물어보라 한다. 프라이팬을 꺼낼지 물어봐야 한다. 싱크대 문을 열지 물어봐야 한다. 한 발짝 움직일 때마다 물어봐야 한다. 가스불을 켤지 물어봐야 한다. 중불로 할지 강불로 할지 물어봐야 한다. 달걀 먼저 넣을지 밥 먼저 넣을지 물어봐야 한다. 시시콜콜 물어봐야 한다. 불가능하다고 생각한다. 묻지 않으면 또 뭐라고 하는 아내. 이런 일이 자주 있다. 한번은 정말 꼬치꼬치 물어봤다. 발을 움직여도 되는지, 손은 어떻게 해야 하는지. 뭐든 귀찮을 정도로 물어보라고 했으니 당해보라는 심정으로 어처구니없는 일부터 물어봤다. 소심한 반항이다.

　"장난해? 그런 건 알아서 해."

　"그럼 어디까지 알아서 하고 어디부터 물어봐야 하냐?"

　이 말은 하지 말아야 했다. 아내의 신경을 건드렸다. 잔소리가 또 이어진다. 1절로 끝나지 않았다. 2절, 3절, 4절. 무한 반복이다. 가만히 듣고 있으면 속을 송곳으로 긁는 듯하다. 기분이 나빠질 대로 나빠진다. 그리고 졸리다. 같은 말을 같은 톤으로 계속 듣고 있으면 졸린다. 불가항력이다. 괜히 대들었다가 된통 당했다. 신경 건드리는 것도 모자라 졸기까지 하니 잔소리는 더 길어진다.

　"사람이 말하는데 졸고 있어?"

　하고 싶은 말이 사라졌다. 반항하는 이유를 말할 분위기가 아니다. 아내가 화내고 있는 상황이 중요하다. 하고 싶은 말은 속으로 삭인 채 미안하다고 납작 엎드려야 잔소리가 멈춘다. 결론은 또 이상하다. 속 좁은 남편, 여자 같은 남자, 관심 없는 아빠가 돼 있다. 왜 같이 사는지 모르겠다는 말도 이어진다.

아이들이 더 어려 5살과 3살일 때도 우리 부부의 관계는 별반 다르지 않았다. 서로 육아에 지쳐 있었다. 퇴근길은 집으로 출근하는 느낌이었다. 집에 도착해서 밥을 빨리 먹고 집안일을 했다. 아이들을 재우기 전에 책을 읽어줬다. 둘째는 듣는 둥 마는 둥 놀이에 빠져 있다. 9시를 넘겨도 혼자 잘 논다. 불을 꺼도 잘 논다. 어느 날은 아이에게 한마디했다.

"빨리 자."

아랑곳하지 않고 논다. 몇 번을 더 얘기해도 말을 듣지 않는다. 짜증이 섞여 있었나 보다. 아내가 말한다.

"애하고 뭐하는 짓이냐?"

말을 듣지 않는 아이에게도, 뭐라고 하는 아내에게도 짜증이 났다. 아내는 한마디로 끝내지 않는다. 잔소리가 이어졌다.

부부 싸움은 요즘도 계속된다. 싸울 때마다 나오는 얘기가 있다.

"바보, 멍청이, 정신병자, 미친 놈."

"여자냐? 너랑 얘기하면 별것도 아닌 일에 따져드는 여자들 같아. 나는 언니랑 살고 있어."

"어리다 어려. 너랑 말하면 나도 정신 수준이 낮아지는 것 같아."

"애들보다 못하냐. 애들은 화내면 알아는 들어. 너는 뭐냐?"

"이혼해. 니가 이혼하자고 할 때까지 기다리고 있다. 진짜."

"졸혼하자. 그래도 이혼보다는 발전한 거잖아. 서로 사생활 터치 안 하기."

"제발 멋대로 판단하지 말고 물어봐. 왜 니 멋대로 하고 그래?"

"우리는 똑같아. 똑같으니까 싸우는 거야. 누구 하나 지지 않아. 자기 말만 해."

"핑계 좀 대지 마. 지금 말하는 건 다 핑계야."

"너 오늘 바닥 보인 거야. 니가 생각해도 한심하지. 제발 나 건드리지 마. 왜 성질을 돋우고 그래?"

"미안하다고 하면 풀려. 백 번을 해봐. 꼴랑 한 번 하고서는……. 풀릴 때까지 해봐."

"제발 인정 좀 해. 무슨 말만 하면 아니래."

바보 멍청이는 평소에도 추임새로 쓴다. 배려 없는 아내에게 화가 난다. 아내 말처럼 계속 들으면 내성이 생겨야 하는데 정반대다. 절대 생기지 않는다. 있던 내성도 없어진다. 하루는 참지 못했다. 무시하는 말, 멸시하는 말을 들어도 내성이 생기지 않는다고, 화난다고 호소했다. 결론은 내가 속이 좁은 탓이라고 한다. 이어지는 아내의 말.

"너는 띄워주면 안 돼. 기고만장해서 사람을 하대해. 나는 그런 꼴 못 봐. 눌러줘야 돼. 눌러줘도 이 정도인데, 안 하면 내가 못 살아. 너는 엄청 센 사람이야."

싸우면 이런 말을 기본 2시간은 들어야 한다. 미워진다. 있던 정도 다 떨어진다. 가족이니까, 아이들 엄마니까 달래야 한다. 그런데 안 된다. 미운 감정 때문에 머리로 이해해도 마음이 안 따른다. 화가 풀리지 않았다. '에라, 모르겠다.' 게임을 한다. 유일한 숨구멍이다. 비겁하지만 회피를 선택했다. 나도 살아야겠다.

다시 한 번 물었다. 나를 싫어하는 이유를 알고 싶었다.

"그냥 니가 싫어. 아무 이유 없이 싫은 게 가장 큰 문제래."

"그래도 뭔가 이유가 있을 거 아냐. 찾아봐."

싫은 데 무슨 이유가 있냐고 한다. 이날은 집요했나 보다. 짜증 섞인 아내 목소리가 높아진다.

"니가 제대로 안 하니까 그렇지. 화날 때 미안하다고 말한 적 있어? 처음부터 미안하다고 한 적 있어? 한 번도 안 했잖아. 한 번이라도 했으면 이러지 않아. 어떻게 한 번을 안 하냐, 한 번을. 시댁도 그래. 나를 완전 나쁜 년으로 만들어놨잖아. 지 욕 먹기 싫다고 나를 그렇게 만들고. 니가 남편이냐. 너랑은 같이 하고 싶은 게 없어. 뭘 해도 도움이 안 돼. 맨날 '아! 맞다. 아! 맞다.' 똑같은 거 묻기도 지겨워. 내가 몇 번을 확인해야 해. 이렇게 얘기해야 알아듣냐? 그리고 다 알잖아. 어차피 바뀔 것도 아닌데 알면 뭐해. 물어보면 뭐하냐고."

화를 품고 사는 사람이라 생각했다. 괜히 시비 거는 사람이라 판단했다. 아내의 화를 몰랐다. 아내는 기대하고 있었다. 남편을, 가장을, 듬직한 모습을. 그런 기대가 충족되지 않아 불만이 커졌다. 아무 것도 해결해주지 않은 남편을 반은 포기하고 있었다. 실망이 쌓이고 쌓여 남편의 연을, 남자의 연을 끊고 싶었다. 아빠 구실은 잘하고 있으니, 아이들도 아빠를 좋아하니, 이것마저 끊을 수는 없었다.

싸울 때면 닭이 먼저니 달걀이 먼저니 하듯 누가 먼저 잘못한지를 놓고 핏대를 세운다. 그러다 지친다. 누구 잘못인지 가리는 일보다 상대 마음을 알아주는 일이 중요하다. 내가 한 말들은 결국 나를 알아달라는 투정이었다. 나 힘들다. 나 외롭다. 나 좀 봐줘. 말은 달랐지만, 의미는 그렇게 전해졌다. 아내는 징징대는 남편이 싫었다.

임신 중에 아내가 말했다. 아이가 태어나면 제발 싸우지 말자고. 잘 참기 때문에 참으면 될 줄 알았다. 큰 착각이었다. 참으려면 참을 수 있다. 문제는 참은 뒤에 기대하는 보상이다. 이 정도 참았으니 화를 내도 될 듯했다. 꾹꾹 눌러 겨우 하는 한마디라 짜증이 섞인다. 다시 아내는 불같이 화내고 심장을 찌르듯 고통스런 말을 한다. 악순환이다. 결과적으로 참는 방법은 결코 좋지 않다.

소와 사자의 사랑 이야기가 있다. 둘은 죽도록 사랑해서 결혼했다. 서로 최선을 다했다. 소는 사자에게 맛있는 풀을 날마다 대접했다. 사자는 참았다. 사자도 최선을 다해 맛있는 살코기를 대접했다. 소도 괴롭지만 참았다. 참을성은 한계가 있다. 끝내 폭발한 둘은 헤어졌다. 헤어지면서 한 말은 똑같았다.

"나는 최선을 다했어."

아내하고 나는 서로 다른 것을 원하는지 모른다. 서로 노력하는 모습을 못 보고 있는지도 모른다. 자기 얘기만 하다 소하고 사자처럼 감정의 골이 깊어진지도 모른다. 모든 원인이 아내에게 있지는 않았다. 진단 결과처럼 대화가 없는 탓인지도 모른다. 대화하려는 마음이 없는 탓인지 모른다. 누적된 싸움은 대화를 방해한다. 지나칠 수 있는 말 한마디에도 지나칠 수 없는 상태가 됐다. 아이들 방에 들어간 아내를 불렀다.

"얘기 좀 해."

"뭔 얘기."

무슨 말이라도 해야 할 듯했다. 생각나는 대로 얘기했다. 다 듣고 아내가 말한다.

"그래, 우리는 서로 자기 얘기만 해. 누구 하나가 져야 하는데 그렇지 않아. 나는 잘 안 되니까, 당신이 해보라는 거야."

"……."

고슴도치

인정을 바랐다. 공감을 원했다.

"그랬구나."

이 한마디를 듣고 싶었다.

"미안해."

진심이 담긴 사과를 듣고 싶었다.

"원래 이런 사람이야. 이런 줄 알고 결혼했잖아."

변명이 아니라 진심 어린 사과를 듣고 싶었다. 바람은 오기를 불러왔다. 아내를 이해해야 하지만 먼저 위안받고 싶었다.

고슴도치 그림을 봤다.

'가시 많은 고슴도치가 안아달라고 하면? 안아주는 사람은 상처가 생기겠지.'

나를 바라봤다.

'내가 고슴도치처럼 가시가 많은데 선뜻 안아줄 수 있었을까?'

손뼉도 마주쳐야 소리가 난다. 아내 잘못만이 아니다. 내게도 문제가 있다. 내 말과 행동을 돌이켜본다.

"미안해. 미안하다고! 미안하다고 했잖아!"

"아까 그렇게 한다고 했잖아. 왜 또 얘기해?"

"그게 화낼 일이야?"

"반복해서 얘기하지 마. 반복하면 집중이 안 돼."

"한 번만 얘기해. 다 알아 들으니까."

"이해가 안 돼. 이해 좀 시켜줘."

"도대체 왜? 뭐가 문제인데?"

아내는 뭔가를 열심히 이야기한다. 나는 듣는 둥 마는 둥 후루룩 쩝쩝 한다. 설거지하고 있을 때 뒤에서 뭐라고 얘기한다. 집중이 안 된다. 청소기 돌릴 때도 들리지 않는다. 목욕시킬 때도 밖에서 하는 소리는 안 들린다. 누가 웅얼거릴 뿐이다. 할 일 다 한 뒤 얼굴 보고 이야기하면 좋겠다. 아내는 말하고 싶을 때 말한다. 상대가 뭘 하고 있는지는 중요하지 않다. 알아듣지 못하면 한마디 더 한다.

"뭐 하고 있을 때 얘기 좀 하지 마. 하나도 안 들려. 나는 두 가지 동시에 못해."

"왜 못해? 안 해보고 못 한다고 하지 마. 좀 해봐. 맨날 못 한대. 귀도 밝은 사람이 왜 못 듣냐. 좀 해보고 말해."

'말이야, 막걸리야. 해보고 말한 거거든.' 하던 일을 멈추고 아내 말에 귀를 기울여야 했다. 쫑긋하는 행동을 보여줘야 했다. 설거지가 대수인가. 당장 밥 한 숟가락이 문제인가. 꾀꼬리 같던 아내의 말을 더 들어야 했다. 꾀꼬리가 사자로 변하자 핑계를 댔다. 설거지 하는 중, 밥 먹는 중, 목욕시키는 중. 무관심의 가시가 있었다.

핸드폰을 보는 아내에게 말을 건네지 않는다. 짜증 섞인 말로 되돌아오기 때문이다. 어느 날 냉장고에 뭐가 있는지 물었다.

"뒤져보면 알 거 아냐."

이 한마디에 또 기분이 나빠진다. 도와주려는 의지가 없다. 그럴 마음이 없다. 아무것도 안 하고 핸드폰만 들여다본다. 아랫입술을 깨문다. 이제 물어보지 않는다. 집안일은 늘 하던 대로 하면 된다. 바뀐 게 없으니 질문이 있을 리 없다. 물어보지 않는 편이 정신 건강에 좋다. 원래 말이 없는 사람이기도 하다. 보이는 대로 하고 시키는 대로 할 뿐이다. 아이들 머리 감기기도 늘 하던 일이다. 욕조에 머리를 뒤로 하게 하고 샤워기로 감긴다. 하던 대로 하다가 제동이 걸린다.

목욕 끝낸 아이를 아내에게 보낸다. 머리가 잘 안 마른다고 한다.

"머리, 어떻게 감긴 거야?"

"애들이 너무 장난해서 고개를 숙이고 감겼지."

"왜 물어보지 않고 니 마음대로 해? 제발 물어보고 해."

"머리는 이렇게 감으나 저렇게 감으나 다 똑같은 거 아냐?"

괜히 말해서 된통 당했다. 속사포가 이어진다. 30분짜리다. 남자애는 대충 감겨도 괜찮다. 머리카락이 긴 여자애는 대충 감기면 샴푸가 남아 잘 마르지 않는다. 흐르는 물로 모근까지 씻어야 한다. 머리 감기는 방법을 놓고 열을 냈다. 듣다가 한마디했다.

"말을 예쁘게 하면 안 될까?"

아뿔싸! 30분 추가됐다.

"그런 여자랑 결혼하지 그랬어. 왜 나랑 결혼해서 그래. 나는 그렇게 못하는 사람이야."

불난 집에 기름을 부었다. 나는 바보다.

아내를 화나게 한 내 가시는 뭘까? 나도 가시가 많다. 어린 시절 인정받지 못하고 컸다. 집안의 유일한 여자인 누나. 부모님은 공부도 제법 하던 누나에게 기대가 컸다. 크게 될 놈이라며 좋아했다. 누나는 대학이라는 문턱에서 고배를 마셨다. 기대가 큰 만큼 실망도 컸다. 실망에서 그쳐야 했다. 부모님은 나를 불렀다.

"이제 너만 믿는다."

공부도 못하고, 개 콧구멍 같은 소리만 하고, 냇가에 내놓은 아이 같다며 불안해하더니 갑자기 믿는다고? 아버지 말을 개 콧구멍으로 들었다. 방어의 가시였다.

사회 초년생 때 사기를 당했다. 친구는 자기 회사에 좋은 투자처가 있다고 했다. 의심 없이 몇 년 모은 돈을 투척했다. 이자가 20퍼센트 가까이 됐다. 두 달 동안 약속한 날에 이자가 들어왔다. 세 달째 되는 날에 입금이 되지 않았다. 다음날도 마찬가지였다. 그 다음날에도 아무 내역이 없었다. 친구는 전화를 받지 않는다. 회사일이 바쁘겠지 했다. 퇴근 무렵에 전화를 했다. 받지 않는다. 문자를 남겼다. 전화가 오지 않는다. 다음날 아침부터 전화했다. 받지 않았다. 점심에도 저녁에도 받지 않았다. 통장 잔고는 변함이 없었다.

다음날 통화가 됐다. 만나서 다 얘기하겠다고 한다. 퇴근하고 보자며 약속 장소를 알려줬다. 퇴근 시간이 되자마자 약속 장소로 향했다. 문이 닫혀 있었다. 10통 넘게 전화를 했다. 한동안 문 닫힌 가게 앞에 서 있다가 터벅터벅 자취방으로 돌아왔다. 다음날 다시 전화했다. 받지 않는다. 실연당한 때처럼 깊은 한숨이 나왔다.

　시간이 한참 지나고 다른 친구에게서 그 친구 이야기를 전해 들었다. 사기죄로 감방에 가 있었다. 거의 모든 아는 사람들한테서 돈을 끌어다가 사업을 시작했지만 생각대로 안 됐다고 한다. 나 같은 사람이 많았다. 좋은 투자처는 회사가 아니라 자기 사업이었다. 결국 사업장을 넘기고, 빌린 돈 때문에 고발당하고, 명의까지 도용하다가 감옥에 갔다. 그 친구 인생도 안됐지만, 사기를 당한 내 꼴도 말이 아니었다.

　한동안은 멍하게 통장 잔고만 바라봤다. 누구한테도 말하지 못했다. 일이 손에 잡히지 않았다. 한숨만 쉬고 있었다. 회사도 그만뒀다. 사귀던 여자 친구하고도 헤어졌다. 그렇게 세상의 문을 닫았다. 명목은 공무원 시험 준비였다. 집밖으로 나갈 일이 없었다. 부모님 전화도 받지 않았다. 살아 있다는 사실을 알릴 겸 한 달에 한 번 꼴로 통화했다. 결혼한 누나는 소식이 너무 없다며 집으로 찾아왔다. 세상이 싫었다. 이때부터 불신과 의심, 외로움의 가시가 생겨났다. 교훈은 하나 얻었다. '돈 거래는 하지 말자.' 그 뒤 돈 거래는 단칼에 거절한다. 단돈 10만 원도 거절한다. 가끔 10만 원, 30만 원 빌리는 친구가 있었다. 처음이 어렵지 한 번 거절해보니 쉬워졌다. 결혼한 뒤에는 아내가 돈 관리를 하니 거절하기가 더 쉬웠다.

　나보다 한 살 어린 동료가 먼저 승진했다. 경력은 비슷했다. 이유를 찾지 못했다. 윗사람하고 친하다는 점 빼고는 납득이 되지 않았다. 축하하고 싶은 마음보다는 '왜 쟤가?'라는 생각이 먼저 들었다. 정치 뉴스를 보면 음모론을 떠올리듯 이유를 알 수 없는 승진은 불만을 품게 만들었다. 하소연이 많아지고 험담도 늘었다.

회의 때는 날카로운 말을 많이 했다. 나는 비평가라 하고, 다른 사람은 비난가라 부른다. 한 살 많은 동료가 있었다. 다른 분야에서 일한 탓에 나보다 경력이 4년이나 짧다. 이 사람도 나보다 먼저 승진했다. 나이와 친분 때문이다. 공통점이 하나 더 있다. 술자리에 자주 참석했다. 시기와 질투의 가시가 생겨났다.

내게 있는 가시가 그때 생긴 건지 원래 있던 게 이제 드러난 건지는 모른다. 고슴도치보다 가시가 많으면서 늘 안아달라고 징징거리는 내 모습만 확실했다. 내 안에 어린아이 같은 모습이 있다는 사실을 알게 됐다. 그렇게 나를 인정했다. 그런데도 갈등은 계속됐다. 책에는 자기를 알게 되면 달라진다고 써 있었다. 아내 마음도 알고 나자신도 아는데, 악순환은 계속됐다.

저녁상을 차린다. 다 먹은 뒤에 먹으려고 시간을 끌어본다.

"이따 하고 빨리 먹어."

자리에 앉아 밥을 천천히 먹기 시작한다. 빨리 먹는 아내는 조금 있다가 일어난다. 이제부터 편히 먹는다. 밥이 잘 넘어간다. 어쩌다 이렇게 됐을까? 같이 밥 한 끼 먹는 일이 왜 이렇게 어려울까? 책에서는 나도 알고 너도 알면 감정이 누그러진다는데, 왜 그대로 있을까? 춤을 글로 배운다는 말처럼 감정을 글로 배워서 그럴까?

공감 제로

아내에게 해서는 안 되는 일이 있다. 무관심한 말투와 행동이다. 모르고 살아왔다. 자기는 괜찮다고 말한다. 아무렇지도 않다며 시원하게 얘기한다. 지내보니 그렇지 않았다. 자기 말을 들어주지 않으면 화를 내고 대답이 없으면 짜증을 냈다. 건성으로 대답하거나 얼굴 보지 않고 말하면 싫어한다. 때로는 사랑을 갈구하는 사람처럼 보였다. 아내는 자기는 그런 사람이 아니라며 잘라 말한다.

신혼 초에 시시콜콜한 이야기를 많이 했다. 집 이야기가 끊임없다. 오래된 아파트지만 조경이 정말 마음에 든다, 경비원 아저씨가 한 번 본 사람은 다 알아보고 인사한다, 길 건너 체육관이 있어 좋다, 아파트 이름이 마음에 든다, 우리집 1004호가 마음에 든다. 주변 얘기부터 집안 살림 이야기까지 조잘조잘 말하는 아내였다.

15년 된 집은 오래된 흔적이 많았다. 신혼이니 새 집처럼 꾸미고 싶었다. 아내는 문틀 색을 바꾸자며 페인트를 고른다. 어떤 색이 좋으냐며 묻는다.

"나는 그런 쪽으로 젬병이야. 알아서 해."

"그래도 한번 봐봐. 하양색이 좋을까? 메이커는 어디가 좋아?"

뭘 해도 좋다고 했다. 모르기 때문이다. 인터넷 쇼핑몰을 열어 벽지하고 시트지를 몇 개 보여준다. 집에 어울리는 벽지를 골라보라 한다. 아내는 이미 마음속으로 정해놓았다. 내가 자기가 고른 벽지를 고르기를 바라고 있다.

"알아서 해. 나는 봐도 몰라."

아무리 봐도 그게 그거 같다. 어차피 자기가 마음에 드는 제품을 살 테니 내 의견은 중요하지 않다고 생각했다.

경비 아저씨는 한 번 본 사람도 기억을 잘했다. 신혼집에 두 번째로 들른 장모님을 알아봤다.

"1004호 오셨죠?"

아내는 눈썰미가 좋다며 침이 마르게 칭찬한다. 한 얘기 또 하고 또 한다. 술 취하면 한다는 네버엔딩을 맨 정신에 한다. 계속 듣고 있으면 마음속에 글자가 새겨진다. '그래서?' 생각만 하면 다행이다. 이놈의 얼굴은 금세 들통난다. 지겨운 표정을 짓고 있었다.

"지금 내 말 듣고 있어? 안 듣고 있지? 지겹지?"

포커페이스가 안 된다. 입은 아니라고 하지만, 얼굴은 이미 지겹다고 말하고 있다.

이런 일이 반복됐다. 시간이 지나면서 우리 모습은 달라지고 있었다. 말하는 횟수가 줄었다. 뭘 사면 늘 물어보던 아내는 더는 묻지 않는다. 집안일을 해야 한다는 핑계로 얼굴 보고 이야기하지 않는다. 비싼 물건을 살 때도 상의하지 않는다. 정말 알아서 하고 있다.

첫째가 걸음마를 시작할 때쯤 책을 산다고 했다. 몇 십만 원이나 하는 전집이었다.

"지금 필요할까? 나중에 더 커서 사면 안 돼? 비싸니까 필요할 때 단행본으로 사자. 너무 비싸."

총각 때 쓰던 세탁기를 그대로 썼다. 아직까지 쓸 만했다. 첫째가 태어나기 한 달 전에 아기 세탁기를 사자고 한다.

"좀 비싸다. 한 번 더 생각해보고 결정하자."

아내 말에 호응하지 않고 반대 의견을 냈다. 가난하게 자라서 돈을 쉽게 쓰지 못한다. 몇 번을 생각하고 생각해서 산다. 아내는 다르다. 원하는 건 뭐든 살 수 있었다. 가격보다는 질을 더 중요하게 생각했다. 아이를 위해 마음에 드는 책을 겨우 골랐는데, 남편이라는 작자가 기분 나쁘게 거절한 셈이다. 명품 가방도 아니고 아이들 책인데 말이다. 그깟 돈이 별거라고 매번 돈돈거리는 남편. 차라리 의논하지 않고 사는 편이 낫다고 생각한 듯했다.

아내는 가방을 자주 바꾼다. 원형 옷걸이가 있다. 옷걸이가 아니라 가방걸이다. 한철 쓰고 먼지만 모으는 가방이 꽤 있다. 몇 천 원짜리처럼 보이는 것도 있고, 비싸 보이는 것도 있다. 많이 줄어든 수준이 이 정도다. 헌옷 수거함에 한 무더기를 버렸다. 만 원짜리라고 한다. 1만 원에서 9만 9900원 사이라는 말이다.

임신하고 태아 보험을 알아봤다. 시간이 여유로운 아내가 알아보기를 바랐다. 둘 다 모르니까 누가 알아봐도 상관없었다. 야근 때문에 바쁜 때였다. 자꾸 나중으로 미뤘다. 하루이틀 미루다가 잊고 지내는데 아내가 물어본다.

"보험 알아봤어?"

"아! 맞다. 보험! 알아볼게."

다음날 아내가 다시 묻는다.

"보험 어떻게 됐어?"

"아! 맞다. 회사일 때문에 바빠서 못 알아봤어. 지금 알아볼게."

회사는 좋은 곳이다. 핑계를 쉽게 만들 수 있다. 인내심을 건드리자 아내는 바로 폭발한다. 웬만해서는 꿈쩍 않는 전화기가 울렸다. 조용한 곳으로 나갔다. '따따따'를 시작한 때문이었다. 계속 알았다고, 미안하다고 말했다. 한 시간 넘게 전화기를 붙잡고 있어야 했다. 그제야 꾸역꾸역 알아본다. 보험 회사에 전화해 상품을 물어본다. 바로 통화가 될 때도 있고 두어 시간을 기다리기도 했다. 낯선 단어로 묻고 답했다. 시간이 오래 걸린다. 보험 회사 네 곳을 알아보니 오후 시간이 끝나가고 있었다.

'지가 좀 하지. 일도 못하고 이게 뭐야!'

결혼 1주년 기념으로 제주도 여행을 했다. 기념일에 맞추려 했지만 일정이 안 맞아 다음해 봄에 갔다. 회사일이 무척 바빴다. 아내가 모두 준비했다. 비행기 표, 렌터카, 숙소, 식당까지 덜렁이 아내가 다 알아보고 예약하느라 꽤나 고생했다. 몸만 가는 처지에 미안해해야 했는데, 애먼 소리를 하고 말았다.

"무계획으로 가는 여행이 진짜 여행이야. 이미 사람들이 다 간 곳을 구태여 찾아갈 필요가 있을까?"

차 타고 돌아다니다가 경치 좋은 곳에 내려 구경하고, 근처 식당에서 밥 먹고 자연을 느끼는 여행이 내 스타일이다. 아내는 일정이 정해져 있어야 한다. 어디 가고, 어디서 먹고, 어디서 자고, 아침, 점심, 저녁, 숙소까지 확정돼야 한다. 그래야 안심이 된다고 한다. 아내가 준비한 일정은 마음에 들지 않았다. 미술관이나 박물관만 돌아다녔다. 미안함이 완전히 사라졌다. 제주도까지 와서 미술관에 가는 이유를 모르겠다. 찻집은 마음만 먹으면 언제든 갈 수 있는데 왜 굳이 찾아다녀야 하는지 모르겠다. 서울에도 햄버거 가게는 많은데 제주도까지 와서 햄버거를 먹었다. 대충 구경하고 대충 먹고 대충 자면 되는데, 아내가 짠 일정은 내 자유를 빼앗아갔다.

일이 터졌다. 갑자기 불같이 화를 낸다. 모든 준비를 자기가 다 했는데 투덜거리는 모습이 꼴 보기 싫었나 보다. 내가 이러쿵저러쿵 말을 많이 했나 보다. 점심 먹고 우도에 들어가려고 선착장에서 기다리고 있었다. 화난 아내가 우도에 안 간다고 한다. 이런 기분에 들어갈 수 없다면서 차를 돌리라고 한다. 숙소로 가자고 한다. 배 시간이 거의 다 돼간다. 빨리 들어가고 싶은 마음에 대충 알았다고 하고 대충 미안하다고 했다. 아내는 더 화를 냈다.

"최소한 렌터카 정도는 알아봐줘야 하는 거 아냐?"

말은 끊임없이 이어졌고, 사과도 계속했다. 배 시간이 지났다. 한참을 더 얘기했다. 화가 수그러들지 않는다. 어쩔 수 없다. 숙소로 차를 돌렸다. 1분을 달렸을까. 이제 우도에 가자고 한다. 자기 말을 하나도 들어주지 않아 화를 냈다고 한다. 숙소 가자는 말을 들어줬다며 화를 푼다. 우도에는 제주의 옛 모습이 많이 남아 있었다. 내가 여행하고 싶어하는 곳이었다. 아내도 좋아했다.

우도봉을 오르는 데 아내가 힘들어했다. 그리 높지 않은 곳인데 이상했다. 힘들어한 이유는 아이였다. 뱃속에 첫째가 들어서 있었다.

장인어른은 꼼꼼한 분이다. 1원도 점검하고 모든 일을 계획하신다. 아내는 몸만 가면 되는 사람이었다. 계획을 짜는 사람이 아니다. 예약을 해본 적이 없다. 남자가 할 일이었고, 가장이 해야 할 일이었다. 늘 계획하는 모습을 보고 자랐다. 김장을 도울 때였다. 처갓집에 일찍 갔다. 장인어른은 그날 할 일을 말씀하신다. 농장에 가서 배추를 뽑고, 절이고, 속을 만들고, 다음날 속을 넣는다고 계속 말씀하신다. 배추를 뽑다가도 다음 할 일을 말씀하신다. 배추를 절이다가도 다음 일정을 말씀하신다. 함께 여행을 간 때도 마찬가지였다. 뭘 할지를 계속 말씀하신다. 세뇌 교육을 받는 느낌이었다. 무한 반복이다. 늘 이런 모습만 보다가 정반대인 사람을 만난 아내는 속이 어땠을까. 내가 하는 꼬락서니를 보더니 원래 답답한 사람이라고 인정해줬다. 그런데 시키는 일도 제대로 안 한다. 매번 이런 말만 외친다.

'아! 맞다!'

우리는 많이 다르다. 이해할 수 없는 구석도 많다. 나는 이해하게 해달라는 말을 많이 했다. 아내가 하는 생각이 이해되지 않았다. 그런 일이 왜 중요한지 모르겠다고 말했다. 아내는 이유가 중요하지 않다고 한다. 마음가짐이 문제라고 쏘아붙인다. 이해하게 해달라는 말은 애초에 불가능한 일일지 모른다. 서로 다르기 때문이다. 마음 가짐이 문제라는 말은 자기 마음을 읽고 공감해달라는 요구다.

'그랬구나', '도와줄까?', '내가 뭐 할 거 없어' 하고 이야기하면 얼마나 좋았을까. 말이라도 아내 편을 들어주면 어땠을까. 남편에게 거는 기대가 무너졌다. 반복의 힘은 무섭다. 그리고는 선포한다.

"남자로서, 남편으로서 끝났어. 애쓰지 마."

저, 박사 학위 받은 사람이에요

상담은 한 번쯤 가보려 했다. 꼭 문제가 있다기보다는 나를 객관적 시선으로 보고 싶었다. 기회가 되면 말을 꺼내려 했다. 부부 싸움은 한 달에 한 번은 꼭 했다. 아내는 내 정신 상태를 의심하더니 정신과 상담을 해보라고 한다. 정신과가 싫으면 심리 상담이라도 받으라고 말한다. 내게 문제가 있다고 말하는 듯해 불쾌했다. 나는 그렇게 생각하지 않았다.

청개구리 심보인지 상담하고 싶은 마음이 싹 사라진다. 한번 상담 얘기가 나온 뒤에는 싸울 때마다 상담을 해보라고 한다. 상담하러 간다고 해야 싸움이 멈추기도 했다. 다음날 검색을 했다. 회사 근처에 정신과도 있고 심리 상담 센터도 있었다.

처음에는 뭐가 다른지 몰랐다. 조금 더 찾아보니 정신과는 환자로 봐서 처방전이 나올 수 있지만 심리 상담은 그렇지 않았다. 아내는 가보라고 한다. 가격에 놀라 주춤했다. 1회 상담비가 10만 원이었다. 더 비싼 곳도 있었다. 상담은 한 번으로 안 끝나고 10회 정도 한다. 100만 원! 너무 비싸서 다음에 하기로 했다. 나한테 문제가 없다고 생각했으니 돈이 아까웠다. 별거 아닌 데 목돈을 쓸 수 없었다.

상담을 받아보니 10만 원은 결코 비싸지 않았다. 점집도 10만 원은 줘야 한다. 다른 사람이 하는 이야기를 듣고 공감하는 일은 보통 노동이 아니었다. 더군다나 상담이 필요한 사람들의 심리 상태를 파악하면서 말하는 과정은 전문가도 힘들 듯했다. 전문가도 다른 상담사를 찾아간다는 말을 들었다. 한 번만 받을까 생각도 했다. 한 번 하는 상담이 도움이 될까? 10만 원어치 가치를 할까?

고민에 고민을 하고 있는데 건강가정지원센터에서 하는 무료 상담 프로그램을 알게 됐다. 바로 전화를 걸어 신청했다. 대기자가 많아 두 달은 기다려야 했다. 4월 말에 신청하고 여름이 시작할 무렵 연락이 왔다. 상담사가 개인 사정으로 그만둬서 다른 상담사를 구할 때까지 기다릴 수 있냐고 묻는 전화였다. 대기 순서 1번이었다. 다른 곳도 똑같을 듯해 계속 기다리겠다고 했다. 두어 달 지나 8월 말에 연락이 와 그 주 목요일에 상담하러 오라고 했다. 야간 상담은 상담사 한 명이 진행했다. 매주 목요일 1시간씩 10회를 진행하기로 했다. 첫 시간. 예상보다 오랜 시간을 기다려서 그런지 긴장됐다. 상담사가 묻는다.

"상담을 받으면서 어떤 기대를 하세요?"

"책을 많이 읽었습니다. 아내의 충고를 많이 들었습니다. 그래도 달라지지 않았습니다. 상담을 받고서도 달라질 수 있을는지……."

"저, 박사 학위 받은 사람이에요. 상담소를 따로 운영하고 있고요. 여기는 재능 기부 차원에 오는 거예요."

상담사가 상담을 받아야 할 듯했다. 불안한 마음이 있어서 그렇다고 수습하고 상담을 진행했다.

"어떤 상담을 원하세요?"

나는 부부 상담을 하고 싶었다. 아내는 내 심리 상태가 문제라고 했다. 절대 부부 얘기를 꺼내지 말라고 했다. 자기는 문제가 없으니까 나만 받으면 된다고 한다. 나만 바뀌면 모든 게 바뀐다고 말한다. 왜 아내가 강하게 거절했는지 아직도 모른다. 이혼 서류를 들이밀지는 않으니 같이 살고 싶은 마음이 더 큰 듯한데, 움직이지 않으려는 이유를 모르겠다. 할 수 없이 혼자 하게 됐다. 정말 상담을 하고 싶은지도 확실하지 않게 됐다.

"부부 관계에 문제가 많습니다. 관계를 개선하고 싶습니다. 그전에 제 심리 상태가 어떤지 알고 싶습니다."

첫 시간에는 자라온 이야기를 했다. 어린 시절, 형제 관계, 부모님과 큰집 생활, 대학 생활 등. 나는 말재주가 없는 사람이다. 말하다가 적막이 흐르기도 한다. 먼저 질문하는 일은 거의 없고 대개 듣는 편이다. 질문에 답하기만 한다. 이런 내가 막힘없이 줄줄 이야기하고 있다. 한 시간이 부족하다. 상담사는 다 듣고 정리한다. 초등학교 때 자살 충동과 큰집 생활은 화분 옮겨심기하고 같다고, 많이 힘들었겠다고 한다. 힘들다는 생각은 없었다. 그저 답답할 뿐이었다. 이분, 계속 엇박자다.

상담사는 약속을 자주 어겼다. 병원에 입원한 남편을 돌볼 사람이 없다고 했다. 한 번 시간을 빼더니 두 번, 세 번 빠졌다. 두 달 동안 10번을 만나야 하는데 3번 만났다. 상담할 때마다 기분이 좋지 않았다. 아내 이야기를 하니까 나 같은 사람은 공감하는 말을 못하

는 성격이라고 한다. '공감할 수 있으면 내가 여기 왔겠습니까!' 아내
가 공감할 수 있게 말해보라고 한다. 자주 하는 말이 나왔다.

"당신이 힘든 건 이해하는데……."

"그렇게 얘기하면 안 돼요. 먼저 공감을 해줘야 돼요. 해본 적이
없으니 힘들 거예요. 내담자 분은 그렇게 하기 힘든 분이에요."

상담을 시작할 때 아내에게 무엇을 바라느냐고 물어서 '그랬구
나'라는 말을 듣고 싶다고 했다. 나를 인정하는 말을 바랐다. 상담사
도 당연히 나를 인정하면서 상담을 진행하겠지 생각했는데 아내하
고 똑같은 지적을 한다. 세 번 만나는 동안 많은 조언을 들었다. 어
떤 말을 하고 어떤 행동을 해야 하는지 알려줬다. 책을 읽은 뒤 받는
느낌하고 다를 게 없었다. 바뀔 수 있다는 자신감이 사라졌다. 불행
인지 다행인지 이분하고는 세 번 만나고 끝났다. 다른 상담사하고
10번 상담을 진행했다.

부모님 이야기를 할 때였다. 초등학교 때 자살 충동, 큰집으로 나
를 보낸 이유, 컴퓨터 사준 이야기 등을 한참 이야기했다. 헤어지는
시간에 상담사가 묻는다.

"부모님에게 하고 싶은 말 있으면 해보세요. '저한테 왜 그랬어요'
라고 해도 됩니다."

눈물이 고였다. 금방이라도 떨어질 듯했다. 말을 할 수 없었다.

"울어도 괜찮습니다."

한참을 그대로 있었다. 휴지를 건네는 상담사. 고개를 살짝 들었

다. 숨을 천천히 들이쉬었다. 한참을 뜸들이고 말을 이어갔다.

"부모님은 최선을 다했습니다. 자기가 할 수 있는 최선을 다했습니다. 그동안 고생하셨다고 말하고 싶습니다."

이 말을 끝으로 상담을 마쳤다. 가방을 메고 깜깜한 거리를 걸었다. '집까지 걸으면 50분 정도 걸리니까 천천히 걸어가면 아내는 자고 있겠지.' 10미터쯤 걸어가는데 다른 생각이 떠오른다. '왜 내 얘기를 안 했지? 왜 아버지 심정만 헤아리려고 했지? 내 삶의 주인공은 나인데, 왜 내가 없는 거지?'

소외감을 느꼈다고, 그런 감정 때문에 힘들었다고, 가족이 아닌 것 같았다고 말하지 않았다. 아버지가 듣고 있지도 않은데 말하지 않았다. 끝없이 떠오른다. '왜 나는 없지?' 이 생각은 지금까지 내가 살아온 방식을 흔드는 지진이었다. 아내하고 나 사이에도 내가 없었다. 나는 없으면서 아내가 원하는 것만 해주려 했다. 나 자신을 챙겼으면 지금처럼 힘들지는 않았을지도 모른다. 모든 일에 최우선 순위는 내가 아니었다. 2순위도 아니고 3순위도 아니었다. 순위 밖에 있었다.

성격 유형 검사를 할 때다. 문제 700여 개에 '예'와 '아니오' 중 하나를 고르는 방식이다. 아리송한 문제는 한쪽으로 조금이라도 더 치우치는 쪽에 체크했다. 제한 시간은 없으니 오래 생각하고 해도 된다고 했다. 보통 한 시간 정도 걸린다고 하는데 빨리 끝내고 싶은 욕심에 빨리 읽고 빨리 체크했다. 이런 것까지 물어보나 할 정도로 상식을 벗어나는 질문이 몇 개 있었다. 그중 하나가 지나가는 사람이

해코지할 것 같으냐는 질문이었다.

'공황 장애가 이런 증상일까?' 이런 생각을 하며 '아니오'로 체크했다. 50분 정도 걸렸다. 느끼는 대로 체크했다. 내가 문제없는 사람이라는 사실이 증명되겠지 하고 내심 기대했다. 중간 수치로 예상했다. 평범한 사람으로 나올 듯했다.

다음 상담 시간에 결과지를 받았다. 점수가 높으면 좋지 않다는 설명을 미리 들었다. 7가지 항목의 점수가 매겨져 있었다. 모두 점수가 높았다. 평균치보다 훨씬 높았다. 우울증이 보였고, 불안감이 있었다. 자존감이 낮았고, 대인 기피증도 보였다. 사회 부적응 수치도 높았다. 좋은 항목이 없었다. 상처가 나도 아픔을 느끼지 못하는 사람, 정말 무감각한 사람이라는 사실을 다시 깨달았다. 나를 너무 모르고 있었다. 내 결과지가 아닌 것 같았다. 상담사도 얼굴이 굳었다.

야근하고 집에 들어가는 길이었다. 하루가 다르게 나오는 뱃살에 제동을 걸 겸 지하철역에서 집까지 걸어갔다. 40분 정도 거리다. 이 길은 인적이 드물다. 지하철 연장 공사 때문에 도로 한가운데에는 건설 자재가 널려 있다. 여자 혼자 걸어가기에는 약간 무섭다. 맞은 편에 한 사람이 걸어온다. 가까워진다. 슬쩍 쳐다보고 지나갔다. 등골이 오싹해진다. 방금 지나간 사람이 뒤돌아서 해코지할 것만 같았다. 뒤돌아봤다. 지나친 사람은 제 갈 길을 가고 있다.

결과지 받기 전에는 없던 일이었다. 이상하다고 생각한 그 문항에 이제는 '예'를 체크해야 한다. 두려움은 한 달 정도 이어졌다.

상담 시간은 나 자신을 알아보는 데 도움이 됐다. 알고 싶어하던 내 마음의 민낯을 만났다. 충격이지만 그대로 받아들이기로 했다. 가족에게서 느낀 소외감은 지울 수 없다. 부모님은 당신들이 할 수 있는 최선을 다했다. 먹고사느라 노력했다. 자식들에게 부담을 주지 않으려 신경쓴다. 부모가 준 사랑을 제대로 보지 못했다. 아버지도 할아버지한테서 큰 사랑을 받지 못했다. 먹고살기 더 힘든 때였으니까. 아버지는 할아버지가 너무 무서워 말도 못 붙였다. 짐작이 된다. 그렇게 자란 아버지는 자기가 줄 수 있는 거의 모든 것을 내게 줬다. 어릴 적 자라온 환경이 지금의 나를 만들었다. 이제 남은 인생은 내가 만들어가려 한다. 법륜 스님이 한 말이 뇌리를 스쳐 지나간다.

"'너 때문에 되는 일이 없어, 니가 없었다면 달랐을 거야.' 다른 사람 때문에 기분이 좋고 안 좋으면 불쌍한 사람입니다. 자기 인생인데 자기 마음대로 못 하잖아요."

아내 때문에? 회사 때문에? 다른 누구 때문에 불행한 게 아니다. 전제는 필요 없다. 내가 중요하고, 내가 우선순위가 돼야 한다.

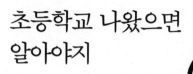

3부

초등학교 나왔으면
알아야지

아이 잘 키우는 방법은 모른다.
다만 무엇을 하지 말아야 할지는
이제 조금 알 듯하다.

아이들이랑 보내는 시간은 무엇하고도 바꿀 수 없다. 오늘도 추억을 만든다. 상담 뒤 불안한 내 상태를 알게 됐다. 혹시나 아이들에게 안 좋은 영향을 줄까 걱정된다. 불안한 모습을 보이지 않으려 노력한다. 나를 닮았는지 아이들은 속내를 말하지 않는다. 어떤 마음인지 알 수 없다. 알아주려고 한 질문은 알고 싶은 질문으로 종종 바뀐다. 조심스레 접근한다. '욱'이 올라오면 이런 마음도 소용없지만.

웃는 모습에 사르르 녹는다. 웃는 아이는 천사지만 갑자기 토라지면 난감하다. 이유를 물어도 대답하지 않는다. 아이들은 쉬운 듯하면서도 어렵다. 내가 낳은 자식이고, 늘 지켜보고 있는데도 모르겠다. 아내하고 멀어진 현실을 보면 나한테도 문제가 많다. 내 문제 때문에 아이들하고 멀어지지 않으려 노력한다. 놀아주고 웃겨준다. 누가 누구를 위해 재롱떠는지 헷갈린다. 아이들이 하는 말 한 마디 한 마디가 아빠 마음을 울린다. 당연한 일인데도 잊고 지내는 일들, 부모라는 위치에서 행사하는 무의식적 폭력. 아이가 받는 상처가 늘 미안하다. 어쩌다 어른이 됐고, 어쩌다 아빠가 됐다. 아이들은 오늘도 웃음으로 가르쳐준다. 불안정한 가장을 아이들이 잡아준다.

여전히 기분이 안 좋아

둘째가 갑자기 삐쳤다. 이유를 모르겠다. 계속 물어도 아무 말이 없다. 화만 낸다. 소파 뒤로 숨거나 자기 방으로 들어가버린다. 따라다니며 계속 물었다. 여전히 입만 내밀고 있다. 기분을 풀어줘야겠다. 좋아하는 놀이를 했다. 아이 앞에 앉아 등을 내밀었다. 쭈뼛쭈뼛하면서 업힌다. 떨어지지 않게 다리를 감싸면서 일어났다. 기분이 좋아졌는지 저쪽 방으로 가자고 한다. 명령대로 한다. 다른 방으로 가자고 한다. 다시 거실로. 몇 번 왔다갔다하고 내려줬다.

표정이 다시 뾰로통해져서 목말을 태웠다. 깔깔거리며 웃는다. 이쪽 방에서 저쪽 방으로 또 몇 번을 왔다갔다했다. 많이 컸는지 오래하지도 않았는데 힘들다. 숨소리가 거칠어진다. 그만 내려오라고 했다. 대신 개그맨 흉내를 내며 막춤을 췄다.

모두 둘째가 좋아하는 놀이다. 업어주고 목말 태우고 막춤도 췄다. 웃음소리는 여느 때처럼 컸다. 기분이 다 풀린 줄 알았다. 둘째는 살포시 고개를 숙이고 입을 내민 채 말한다.

"그래도, 기분 안 좋아."

우산 장수 아들과 소금 장수 아들을 둔 엄마가 있었다. 맑은 날은 우산 장수 아들 걱정, 비 오는 날은 소금 장수 아들 걱정, 일 년 내내 근심과 걱정으로 산다. 어느 날 어떤 이가 건넨 한마디 덕에 기쁘게 살게 됐다. 비 오는 날은 우산 장수 아들이 잘돼서 좋고 맑은 날은 소금 장수 아들이 잘 돼서 좋다. 맞는 말이지만, 걱정은 그대로 있었다. 둘째가 한 말이 가슴에 꽂혔다. 좋지 않은 기분은 똑같았다. 달라지지 않았다.

지금껏 살아오면서 쓴 대처법도 '무마'였다. 소금 장수를 우산 장수로 바꾼 셈이다. 좋지 않은 기분을 달래려고 되지도 않는 유머를 쓰고 농담을 했다. 재미있는 말로 무마하려 했다. 팀 회의 시간이다. 싸늘한 분위기다. J차장이 K사원을 나무란다. K사원이 저지른 실수를 지적한다. 사람 자체를 질책하고 있다.

실수하지 않게 조언하고 제대로 할 방법을 알려줘야 한다. J차장은 K사원에게 배우려는 의지가 없다고 말한다. 하지 말아야 할 말을 한다. 그냥 두면 질책이 이어질까봐 중간에 끼어들었다. K사원에게는 중간보고를 자주 잘하면 괜찮다고 했다. J차장에게는 농담을 섞어 말을 이어갔다.

"좋게 봐주세요. 실수할 수 있죠. 차장님 마음이 하늘 같잖아요."

진정하라는 뜻이었다. 우스갯소리를 몇 마디 더 했다. 상황을 반전시키고 싶었다. 다행히 둘 다 웃는다. 회의도 끝나고 좋게 마무리되는지 알았다. J차장이 K사원에게 아까 한 이야기를 또 한다. 걱정하던 말이 나온다. 심하게 나무랐다. 분위기가 다시 싸늘해졌다. 아무리 애써도 상황은 그대로 있었다. 얼굴은 웃어도 기분은 달라지지 않았다. J차장이 하고 싶은 말은 끝나지 않았다. 중간에 내가 끼어들어서 잠깐 기분이 좋아졌지만 하고 싶은 말은 남아 있었다.

무마는 상대의 감정을 무시하는 행위다. 화난 사람에게 '너는 지금 웃어야 돼'라고 말하는 식이다. 화난 감정을 공감해주지 않으니 화가 풀릴 리 없다. 공감 없는 반전은 도움이 되지 않는다. 웃음 코드만 심으면 된다는 말은 착각이다.

웹 서핑을 하다 공감이라는 단어를 봤다. 몇 번 클릭해 다다른 곳은 '공감 테스트'였다. 사람들 이야기를 잘 듣는다는 말을 많이 들었다. 자신 있었다. 공감 점수가 높게 나올 것 같았다. 20개 정도 되는 항목에 하나하나 체크하고 결과를 확인했다. 내 공감 능력은 거의 제로에 가까웠다. 눈을 의심했다. 뭔가 잘못된 듯해 테스트 항목을 몇 번 더 읽었다. 다시 체크하고 결과를 봤다. 공감 제로가 맞았다.

잘 듣기로 끝난 셈이었다. 어떤 질문도 아무런 공감도 없이 듣는 데서 끝났다. 벽이랑 이야기하기하고 다르지 않다. 생각해보면 계속 듣고는 있었어도 무슨 말을 했는지 기억나지 않는다. 질문한 기억도, 대답한 기억도 없다. 공감이 없으니 남는 것도 없다.

달라지고 싶었다. 공감 능력을 높이고 싶었다. 《공감 제로》라는 책을 샀다. 공감 제로가 꼭 나쁘지는 않다고 한다. 사이코패스 성향이 있다고 다 범죄자가 되지는 않는다. 한 분야에서 뛰어난 인재가 될 수도 있다. 나는 뛰어난 능력이 없으니 공감 능력이 필요했다. 이대로 살면 범죄형 사이코패스가 될 수도 있다. 40년 동안 공감 제로로 살아왔다. 책 한 권 읽었다고 하루아침에 공감 능력이 생기지는 않는다. 필요성을 알았으니 시도해보자.

주말이면 집에만 있었다. 아내는 아이들 데리고 나갔다 오라고 한다. 자기는 집에 있을 테니 아빠하고 아이들끼리 시간을 보내보란다. 아이 둘을 데리고 박물관 등을 놀러 다녔다. 혼자 아이 둘을 데리고 다닌 적이 없어 겁났다. 몇 번을 거절했다. 아내는 아이들이 컸으니 혼자 충분하다고 한다. 두렵지만 시도했다. 가까운 곳에 갔다. 무슨 문제가 생기면 바로 집으로 돌아올 생각이었다.

롤링볼뮤지엄에 갔다. 레일을 따라 조그만 공이 내려가다 튀어 오르고 다시 떨어지면서 갈 수 없을 듯한 길을 지나간다. 눈으로 보고만 있어도 신기했다. 아이들은 여기 갔다 저기 갔다 하며 뚫어져라 쳐다본다. 전시장 가운데에 놓인 기계는 직접 조종할 수 있는 커다란 장난감이었다. 구슬을 레일에 뿌리는 곳과 레일 블록을 만드는 체험 공간도 있었다.

전시장을 둘러본 시간은 한 시간이 채 되지 않았다. 한쪽에 있는 에어바운스 미끄럼틀에서 세 시간 정도 놀았다. 아이들은 얼굴이 빨개지도록 놀았다. 옷이 땀에 흠뻑 젖었다. 음료수랑 과자를 사주니 눈 깜짝할 사이에 다 먹어 치웠다. 아주 잘 논 증거다. 저녁 먹으러 가는 길에 아이들에게 물어봤다. '아빠 최고'라는 대답을 기대했다.

"오늘 어땠어? 재미있었어?"

"하나도 재미없었어."

"응? 왜? 아까 잘 놀았잖아?"

"아빠가 안 놀아줬잖아."

겨울이었다. 아이들 겉옷을 들고 다녔다. 전시장 한쪽에 옷을 놓아두고 노는 아이들을 지켜보기만 했다.

해우재에 갔다. 일명 '똥박물관'인데, 똥을 주제로 하는 테마파크다. 커다란 사람 입 모양 입구에서 둘째가 주춤한다. 들어가기 싫다고 한다. 이럴 때는 방법이 없다. 안아야 한다. 17킬로그램 정도 됐다. 한 손에 둘째를 안고 한 손으로 첫째 손을 잡고 들어갔다. 좁고 사람은 많았다. 첫째는 여기저기 왔다갔다하며 논다. 둘째는 움직일 생각이 없다. 체력을 아껴야 하는데 쑥쑥 빠지고 있다. 미끄럼틀을 타는 누나를 본 뒤에야 품에서 내려왔다. 둘이 한참 미끄럼틀을 탔다. 먼저 지켜워진 둘째가 다가왔다.

"아빠, 나가자."

첫째는 아쉬워한다. 자기는 더 놀고 싶은데 칭얼대는 동생 때문에 따라 나왔다. 길 건너 공원에 커다란 황금 똥 조각이 있었다. 큰 요강도 보였다. 똥 싸는 조각상도 재미있다. 아이들이 좋아했다. 요강 근처에서 도시락을 먹었다. 한참을 놀고 돌아오는 길에 물어봤다.

"오늘 재미있었어?"

"아니. 재미 하나도 없었어."

"왜? 왜 그렇게 생각해?"

"아빠가 안 놀아줬잖아."

똑같은 말을 들었다. 아이들은 신나서 깔깔거리며 뛰어놀았다. 얼굴에 웃음이 가득했다. 사진도 찍어달라고 했다. 그런데도 재미가 없다고 한다. 아이들 덕분에 알았다. 장소는 중요하지 않다. 장난감은 문제가 아니다. 어떤 것도 엄마나 아빠가 함께하는 시간보다 못하다.

주말에 몇 번 돌아다니다가 그만뒀다. 될 수 있으면 많이 놀아주려 했다. 너무 놀아 숙제도 안 할 정도였다. 아내는 애정 결핍을 아이들한테 푼다고 한다. 아이들은 숨바꼭질을 좋아한다. 자전거 타기를 좋아한다. 배드민턴도 좋아한다. 놀이터에 같이 가기만 해도 좋아한다. 그네를 밀어줘도, 잡기 놀이를 해도 좋아한다. 아내가 주는 스트레스를 아이들에게서 보상받는 사람처럼 보일 수도 있다. 그렇게 보이면 어떠랴. 아이들이 좋다면 나도 좋다. 이렇게 놀아줄 수 있는 시간도 지금뿐인데.

초등학교 나왔으면 알아야지

엄마 생신이라 시골에 내려갔다. 이미 다른 친척이 와 있었다. 두 살 많은 이종사촌 형이다. 결혼 뒤 처음 보는 친척이었다. 생신인지 모르고 전날 놀러왔다고 한다. 겉모습은 예전 같지만 살이 좀 쪘다. 뱃살이 중년 나이를 증명하고 있었다. 아이가 셋인데, 큰아이는 중학생이고 늦둥이 막내는 세 살이었다. 오랜만에 보는 아기였다. 하는 짓이 어찌나 귀여운지 첫째 키우던 생각이 많이 났다.

늦둥이가 어른들 눈길을 사로잡았다. 머리가 헝클어지는지도 모른 채 언니랑 오빠들을 따라다닌다. 잘 노는 아이를 불러 머리를 묶어줬다. 두께가 얇아 쉽게 묶인다. 아이도 기분이 좋아 보인다. 제 손으로 머리를 찰랑한다. 마치 이렇게 묻는 듯하다.

"나 예뻐?"

아직 말을 못하는 아이였다. 단어를 나열하는 수준이었다. 부정확한 발음이 더 귀엽게 한다. 다음날 아내는 미역국과 잡채, 케이크를 챙겨 생일상을 차렸다. 세 살짜리 귀염둥이도 함께했다.

그다음 주말이 됐다. 첫째가 머리를 양 갈래로 따달라고 한다. 어렵다. 몇 번을 해도 제대로 되지 않는다. 자신이 없어서 머리를 묶어주겠다고 했다. 첫째는 숙제를 해야 했고, 나는 집안 정리를 해야 했

다. 마음이 바빠 대충 묶었다. 머리카락이 삐져나왔지만 집에만 있을
테니 상관없었다. 갑자기 첫째가 운다. 난데없는 눈물에 당황했다.
대충 묶어주는 일이 처음도 아닌데 이유를 알 수 없었다.

"왜 울어?"

"애기는 잘 묶어주면서 나는 이게 뭐야."

"애기? 어떤 애기?"

"할머니 집에서 묶어줬잖아."

아이는 몇 주 전 일을 기억하고 있었다. 대충 묶어줘서 미안했다.
아이를 앞에 앉혔다. 그토록 바라는 소원을 들어줬다. 머리를 세 가
닥으로 만들고 서로 엇갈려 땄다. 비대칭이다. 풀고 다시 땄다. 또 비
대칭이다. 어쩔 수 없다. 이게 아빠의 실력이다. 첫째는 그래도 마음
에 들어한다. 아이 머리를 따주면서 얘기했다.

"아빠가 애기 머리 묶어주는 것 보고 있었어?"

"응."

"언제부터?"

"처음부터."

"기분이 어땠어?"

"아빠! 애기 머리를 묶어줬으면 나도 묶어줘야지. 초등학교 나왔
으면 알아야지."

"아빠는 초등학교 나와도 몰라. 네가 알려줘."

아이는 아빠가 자기 머리도 묶어주겠지 생각했다. 초등학교 나오
면 당연히 알 테니까. 아빠는 당연한 일을 하지 않았다. 서운해하다

가 머리 따달라고 말했는데 이번에도 안 해줬다. 삐죽삐죽 대충 묶었다. 참던 눈물이 터졌다. 첫째는 나를 많이 닮았다. 생김새부터 속으로 삭이는 성격까지 닮았다. '짜식! 진작 말하지!'

자기 아이가 귀엽지 않은 부모가 있을까? 나이를 먹어도 자식은 늘 아이다. 가끔 텔레비전 예능 프로그램에 나오는 부녀가 있다. 딸이 너무 귀여워 안아주고 뽀뽀하려 든다. 딸이 강하게 거부해서 아빠가 서운해한다. 이 딸은 고등학생이다. 나는 저러지 말아야지 했다. 아빠의 심정은 이해가 되지만 다 큰 딸에게는 금물이다.

얼마 전에 딸아이를 번쩍 안아줬다. 초등학교 2학년이니 묵직하지만 그래도 귀엽다. 안아주고 싶고 뽀뽀해주고 싶다. 품에 안긴 딸은 주변을 두리번거린다.

"아빠가 이렇게 안아주는 거 창피해?"

"어!"

나도 예능 프로그램에 나오는 아빠처럼 하고 있다. 딸아이는 어떻게 생각하느냐고 묻지 않고 아빠를 몰아세웠다. 창피하다고 말할 때 서운했다. 아빠가 일방통행이어서 미안하기도 했다. 3킬로그램으로 세상에 나온 녀석이 이제 30킬로그램이 넘었다. 내 눈에는 여전히 귀엽고 사랑스럽지만, 아이가 큰 사실을 인정해야 한다.

잘 시간이 지나도 둘째가 자지 않는다. 불을 꺼도 논다. 어두워도 아랑곳하지 않는다. 내일 할 일을 알려줘도 논다. 표정이 이상하다.

뭔가에 토라진 얼굴이다. 이유를 물어도 대답하지 않는다. 안아주고 달래줘도 얘기하지 않는다.

"말을 안 하면 아빠도 몰라. 아빠가 모르면 좋겠어?"

고개를 젓는다. 그래도 말하지 않는다. '욱'하려는 나를 꾹꾹 참고 몇 번이나 물어봤다. 업어주고 안아주고 10분 넘게 물어봐서 답을 들었다. 딱지를 치기로 했는데 안 쳐줬다고 말한다.

"딱지? 안 쳐줘서 미안해. 딱지 가져와봐. 지금은 자야 할 시간이니까 조금만 치고, 내일 다시 치자."

아이는 아빠 말을 잘 따라줬다. 몇 번을 치고서야 잠들었다.

어쩌다 어른이 됐다. 마음의 준비 없이 결혼을 했고, 아이를 낳았다. 이런 고통을 미리 알았으면 결혼을 선택하지 않았다. 어쩌다 아빠가 됐다. 어떻게 해야 하는지 모른 채 아이를 키우고 있다. 지금도 아이 마음을 모른다. 아내 마음을 모르고, 아이 마음도 모른다.

아이가 갑자기 흘리는 눈물은 당황스럽다. 확 토라진 표정에 어안이 벙벙하다. 아이라 화도 낼 수 없다. 답답하지만 참아야 한다. 그래야 아이의 마음이 조금이라도 보인다. 아이가 크면서 어쩌다 부모가 된 나도 함께 성장한다. 아이는 행복을 준다. 그전에 먼저 '욱'을 다스려야 하지만 말이다.

아이를 하루 종일 관찰해도 문제가 보이지 않을 때가 있다. 엉뚱한 곳에서 터진다. 엉뚱한 훈계를 한다. 마음을 몰라주면 다른 상처가 된다. 윽박지르고 협박하고, 안 좋은 기분을 그대로 전해준다. 아이들이 어려서 몸으로 놀아주면 금세 풀리지만 이 방법도 유효 기간이 얼마 남지 않았다. 그래도 기분 안 좋다고 말하는 둘째를 보면 다음을 준비해야 된다. 부모의 부족한 점을 알려줬으니 부모도 고민해야지. 내 부모도 공감이 없었다. 초등학교 때 느낀 자살 충동은 기억에서 사라지지 않는다. 아이들 마음을 읽어주는 아빠가 되고 싶다.

나는 가족이 아니니까

첫째가 뱃속에 있을 때다. 아내 배에 손을 대고 자주 얘기를 했다. 태교에 신경을 많이 썼다. 책을 읽어주고 만져주고 아빠 목소리를 들려줬다. 분만실에서 내 품안에 안긴 첫째는 아빠 목소리를 듣고 울음을 멈췄다. 아이에게 잘 살아보자고 말했다. 지금은 초등학교 2학년이 됐다. 많은 일이 있었다. 아이를 잘 키우고 싶었는데 마음대로 되지 않았다. 막연하게 생각하던 아빠 노릇은 빈 구멍이 많았다. 아이가 다섯 살 때 한 말에 나도 아내도 깜짝 놀랐다.

"나는 가족이 아니니까."

둘째를 돌보는 엄마와 아빠의 모습을 보고 그런 생각을 한 모양이었다. 두 아이는 20개월 차이다. 12월이 생일인 첫째가 보름만 더 늦게 태어났으면 연년생이 될 뻔했다. 첫째는 둘째가 가장 큰 스트레스였다.

둘째는 첫째하고 다른 점이 많지만 얼굴은 닮았다. 둘째가 말을 하기 시작한 뒤부터는 전화 목소리가 구별되지 않았다. 억양이나 발음으로 겨우 알아챈다. 외모는 비슷해도 성격과 기질은 전혀 다르다. 정반대다. 첫째는 조용한 편이고 둘째는 시끄럽다. 아이일 때부터 첫째는 환경에 잘 적응했고, 둘째는 자기 뜻대로 하는 독불장군이었다. 둘째는 분만실에서 만난 아빠 품안에서도 울음을 멈추지 않았다. 엄마 가슴 위에 올려놓아도 계속 울었다. 힘든 엄마가 겨우 말을 건네도 서럽게 울어댔다.

젖 빨고, 뒤집고, 머리 들고, 기어다니고, 벽 잡고 일어서고, 걸어다니면서도 엄마 품을 떠나지 않았다. 아빠에게는 잠깐 안겼다. 매미라는 별명답게 엄마하고 한몸이었다. 첫째는 그런 모습을 계속 보고 있었다. 떼쓰지 않는 아이라 엄마가 하는 말은 그대로 따랐다.

"기다려. 좀 이따 해줄게."

해주지 않아도 기다린다. 잊어버려도 기다린다. 투정하지 않았다. 그러다 말한다.

"나는 가족이 아니니까"

"왜 그렇게 생각해?"

"엄마도 동생만 좋아하고, 아빠도 동생만 좋아하니까. 나는 가족 아니잖아."

밀린 집안일을 하느라, 떼쓰는 둘째를 돌보느라 기다리라고 말했다. 엄마 생신 때 아기 머리를 묶어주는 아빠를 처음부터 보고 있었듯이, 첫째는 늘 지켜봤다.

어르고 달랬다. 웃음꽃이 피었다. 신경을 더 썼다. 눈길 한 번 더 주고, 한 번 더 안아줬다. 밝게 웃는 모습이 보기 좋다. 그렇게 잊어가고 있을 때 또 말한다. 가족이 아니라고 한다.

초등학교 시절. 자살하고 싶던 마음. 부엌에 있는 칼. 저 칼로 가슴을 찌르면? 다짐했다. 공감해주는 부모가 되자고, 최소한 죽고 싶은 마음은 들게 하지 말자고. 가족이 아니라는 말은 자살하고는 거리가 멀지만 소외감에서 시작된 듯하다. 노력했는데도 제자리였다.

중학생 때부터 큰집에 살면서 큰아버지의 묵묵한 성격을 닮아갔다. 차분하고 온화했다. 아버지는 큰 목소리에 다혈질이었다. 전화목소리가 한 톤 올라가는 점만 같을 뿐 모든 게 달랐다. 아버지의 다혈질이 싫었다. 큰아버지의 차분함이 좋았다. 큰아버지를 닮아가는 내가 마음에 들었다. 아버지하고 다른 내가 좋았다. 커보니 나는 아버지 성향이 너무 많았다. 속에서 '욱'이 올라오는 것부터 상처 되는 말을 스스럼없이 하는 것까지. 벗어날 수 없는 허탈함이 밀려왔다.

"나는 가족이 아니니까."

첫째가 반복하는 말은 이 허탈함하고 비슷하다.

노력은 했지만 아이에게 상처를 주고 말았다. 육아 관련 프로그램을 봤다. 공감해줘야 한다. 아이 마음을 읽어야 한다. 알고 있다. 시간만 주어지면 그럴 수 있다. 하루 종일 눈 한 번 떼지 않고 관찰하면 할 수 있다. 그럼 집안일은 누가 하랴. 책 몇 권을 사서 읽었다. 비슷한 이야기를 한다. 같이 놀아주고 기분 좋게 해줘도 가족이 아니라는 말은 계속되고 있었다. 많이 알아본 아내가 제안한다.

"둘만의 시간을 가져보래. 첫째랑 나만 있는 시간, 당신이랑 첫째만 있는 시간, 셋이 같이 있는 시간을 만들어보래."

연차를 냈다. 둘째를 어린이집에 보내고 첫째하고만 지내는 시간을 만들었다. 그때 얼굴이 눈에 선하다. 웃는 소리가 들리는 듯하다. 아이는 정말 좋아했다. 그 시간 덕에 첫째에게 신경을 더 쓰게 됐다.

가족이 아니라는 말은 몇 번 더 나오다가 요즘은 자취를 감췄다.

다른 문제가 생겼다. 첫째가 좋아지니 둘째가 말한다.

"누나만 좋아하잖아."

둘째에게도 시간이 필요했다.

인터넷 보고 대충하면 육아는 아무것도 되지 않는다. 의식주를 해결한다고 부모 노릇이 끝나지 않는다. 부모는 자동으로 되지 않는다. 공부해야 한다. 책도 좋고 강의도 좋다. 무엇보다 아이의 성향에 맞춰야 한다. 말 못하는 아이는 더 신경써야 한다. 조그마한 몸짓으로 부리는 투정을 알아차려야 한다. 어른인 우리는 아이를 금방 이길 수 있다. 힘으로 이기기는 쉬워도 마음을 다루기는 어렵다.

아이 키우는 처지라 회사에서 육아 이야기를 많이 한다. 진지한 이야기보다는 우스갯소리다. K과장이 명언을 남겼다.

"지금 안 해주면 언제 해주겠어요. 크면 가까이 오지도 않을 텐데."

공부 습관 키운다고 하기 싫은 공부를 억지로 시키고 있다. 하기 싫은 공부를 하니 진도가 느리다. 집중하면 30분에 끝낼 수 있는데, 한 시간을 넘기고 두 시간을 채운다. 같이 놀 시간이 없다.

놀 수 있는 시간은 지금뿐일지 모른다. K과장이 한 말을 들은 아내는 아이 성향에 따라 다르다고 한다. 우리 아이는 틀리는 일을 아주 싫어한다. 틀리지 않으려면 미리 연습해야 한다. 아내 말도 맞다. 둘째는 공부를 거의 안 한다. 성향이 그렇다. 아내는 아이 성향에 맞게 대처하고 있었다.

육아를 공부하면 내가 정말 좋은 부모인지 확인하고 싶어진다. 부모 구실을 잘하고 있는지 알아볼 방법이 있다고 한다. 간단하다. 아이들에게 물어보고 답을 들으면 된다. 다만 아이가 둘이 넘는 가정이어야 하고, 부모 한 명과 아이 한 명이 있을 때 물어야 한다.

"아빠가 누구를 더 좋아하는 것 같아? 너야? 동생이야?"

이런 물음에 자기라고 대답하면 부모가 잘하고 있다는 증거다. 첫째가 대답한다.

"당연히 나지."

성공이다. 이제 둘째한테 물어볼 차례다.

"아빠가 누구를 더 좋아하는······."

"누나."

말도 다 끝나기 전에 답한다. 가만히 있을 수 없었다. 둘째랑 몸으로 더 놀아줬다. 나이 탓인지 살쪄서 그런지 몇 번 놀아주고 바닥에 큰대자로 눕는다. 몸집이 커져서 놀아주기가 힘들다. 아이를 안을 때는 기합 소리를 내야 한다. 아이 두 명을 양손에 안아 올리면 팔이 떨린다. 안아주고, 팔로 그네를 만들어주고, 목말을 태워준다. 조금 오래 한다는 느낌을 받을 때까지 놀아줬다. 업어주기도 조금 오래, 팔 그네도 열 번 넘게. 정말 좋아한다. 몸에 바로 신호가 온다. 큰대자로 뻗어 잠들었다.

한동안 둘째하고 더 많이 놀아줬다. 많이 웃겨줬다. 재롱을 피웠다. 한참 지나 다시 물었다.

"아빠가 누구를 더 좋아하는 것 같아? 너야, 누나야?"

"누나."

이 이야기를 들은 아내가 말했다.

"잘 해봐."

당장 웃는 모습만 좋아하는 철부지 부모였다. 모자라고 빈 구석이 많다. 그러고 보니 지금껏 아이에게 물어본 적이 없다. 이제 자기 생각을 말할 수 있는 나이가 됐다. 물어보면 대답을 들을 수 있다. 가족이 아니라는 비수를 전하고 싶지 않다. 아이들 마음을 아프게 하고 싶지 않다. 더 늦기 전에 오늘 당장 물어본다.

"아빠가 어떤 아빠면 좋겠어?"

눈치보기

주말이다. 아내가 외출했다. 오전부터 오후까지 아이들하고 같이 지냈다. 아침을 차려주고 병원에 갔다가 점심 먹고 들어왔다. 집안일을 해야 한다. 청소, 설거지, 빨래. 아이들은 숙제를 다한 다음 놀고 있었다. 어느새 저녁 시간이 됐다. 냉장고가 텅텅 비었다. 마트에 가서 장을 봤다. 아이들이 좋아하는 반찬으로 저녁을 차렸다. 정성을 기울여 한 땀 한 땀 만들었다. 둘 다 먹는 둥 마는 둥 한다.

"맛없어?"

"아니, 맛있어."

"그런데 왜 안 먹어?"

"배불러."

진짜 배가 부른 걸까. 간식을 안 줘 배고플 텐데 밥을 먹지 않는다. 살짝 서운한 마음이 들었다. '내가 먹어도 맛있는데 왜 안 먹지?' 아이들이 남긴 밥과 반찬을 먹었다. 입 댄 음식은 상할 수 있으니까 다 먹어야 한다. 아이들 덕에 나만 배부르다. 저녁상을 치우고 설거지를 마쳤다. 돌아온 아내가 고구마를 굽는다. 대충 구운 고구마를 들고 텔레비전 앞에 앉는다. 아이들도 엄마 곁에 앉아 같이 먹는다.

"애들 저녁 안 먹었어?"

"먹였지. 배부르다고 해서 조금만 먹었어."

"맛없던 거 아냐?"

"아냐, 엄마! 맛있었어."

"그런데 왜 조금 먹었어?"

"그냥."

엄마 몫까지 아이들이 먹는다. 누가 봐도 굶은 아이들이다. 몇 시간 들여 한 땀 한 땀 차린 밥상이 대충 구운 고구마에 졌다.

아이들은 어린이날을 기다린다. 갖고 싶은 장난감을 얻을 수 있는 기회이기 때문이다. 둘째는 한 달 전부터 들떠 있다. 일찌감치 선물을 준비했다. 첫째는 딱히 갖고 싶은 게 없다고 했다. 계속 고민하다가 동생 친구가 갖고 있는 장난감을 사달라고 하다.

인형 장난감이다. 상자를 열면 알이 있다. 이 알을 따뜻하게 안아줘야 껍질을 깨고 나온다. 부화한 뒤에는 같이 놀아주고, 안아주고, 먹이를 줘야 한다. 아프지 않게 자주 쓰다듬어야 한다. 손이 많이 갔다. 처음 보는 장난감인데, 미국에서 물 건너왔다고 했다. 찾아보니 한국에서도 팔고 있었다.

아내는 스타필드에서 사자고 했다. 차 타고 20분을 가니 아이가 원하는 장남감이 있었다. 인터넷보다 비쌌다. 인터넷에는 세 가지 종류가 뜨는데 매장에는 한 가지뿐이었다. 아이가 원하는 종류가 아니었다. 인터넷으로 사준다며 첫째를 달랬다. 집에 돌아와 바로 주문했다. 며칠이 걸렸다.

일하는데 핸드폰이 울렸다. 아내였다. 보통 메신저로 연락하고 전화는 급할 때만 한다.

"그 장난감 언제 와?"

"아마 내일. 알아보고 톡 할게."

"자꾸 물어봐서 전화했어."

매장에서 못 산 탓일까. 평소답지 않게 첫째가 엄마를 들볶았다. 귀찮을 정도로 물어봤다. 많이 기다렸나 보다.

다음날 오후에 반차를 냈다. 아내가 오후에 일이 있어서 아이들을 대신 돌봤다. 아내는 내가 해야 할 일을 알려줬다. 둘째를 유치원에서 태권도 학원으로 보내기, 첫째 방과 후 수업 뒤 간식 챙기기, 숙제 돕기 등. 집에 도착하니 택배 상자가 와 있었다. 기다리고 기다리던 그 장난감이다.

집안 정리를 하고 있는데 현관문 비밀번호 누르는 소리가 들렸다. 첫째가 들어와 아빠를 보더니 웃는다.

"왔어. 장난감 왔어. 식탁 위에 있어. 가서 뜯어봐."

신발을 벗고 아빠를 안아준다.

"그래, 그래. 장난감 저쪽에 있으니까 가지고 놀아."

첫째가 계속 안아준다. '어! 이상하다. 계속 안아주네.' 떨어질 기미가 없다. 장난감 이야기를 몇 번 더 해도 붙어 있다. '오! 이 묘한 승리감은 뭐지? 짜릿한걸.'

늘 주말에만 보는 아빠가 평일에, 그것도 학교 다녀오니 떡하니 있다. 장난감 소리는 들리지 않았나 보다. 계속 안고 있는 첫째를 한

동안 같이 안아줬다. 아이 팔 힘이 조금 빠질 때쯤 장난감 이야기를 했다. 입꼬리가 살짝 올라간 첫째가 그제야 장난감 상자를 뜯었다.

장난감이 바뀌고 있다. 귀신 이야기에 푹 빠진 아이들을 위해 귀신 보드게임을 샀다. 학교를 탈출하는 게임이다. 학교에는 귀신이 나타난다. 울퉁불퉁한 하양색 공이 귀신이다. 교실에서 힌트를 찾고, 마지막에 계단을 올라 퀴즈를 풀면 탈출 성공이다. 계단에서 귀신을 굴린다. 그러면 귀신 때문에 말이 밀려 내려간다. 내려간 말은 멈춘 계단에서 다시 시작한다. 귀신이 굴러 내려오면 아이들은 함박웃음을 짓는다.

아이들에게 맞게 규칙을 바꿨다. 아무래도 첫째에게 유리하다. 둘째는 도움이 필요했다. 게임을 시작했다. 출발 지점에는 말이 3개 놓여 있다. 첫째, 둘째, 아빠. 둘째를 도와가며 게임을 했다. 아이들에게 절대 이기면 안 된다. 지는 법도 알아야 된다고 생각해서 몇 번 이겼다가 달래느라 혼쭐났다. 지는 법은 나중에 알려줘야겠다.

주사위를 계속 던졌다. 첫째는 말을 옮기고 다음 교실로 향한다. 둘째도 따라간다. 아빠는 일부러 방황한다. 계단 앞까지 왔다. 첫째는 져줄 생각이 없는지 인정사정 안 봐준다. 둘째가 쫓아갔지만 결국 지고 말았다. 1등으로 탈출한 첫째는 환희의 춤을 추고, 둘째는 토라진 얼굴로 화를 낸다. 곧이어 짜증을 낸다. 소파에서 뛰어다니고 짐승 소리를 낸다. 아내가 말한다.

"이길 때도 질 때도 있지. 어떻게 맨날 이겨? 지는 법도 배워봐."

화가 가라앉지 않는지 둘째가 다시 하자고 한다. 아이들이 하기에는 오래 걸리는 게임이다. 자야 할 시간이라 끝까지 못한다. 게임을 하다가 다시 화를 낼 수도 있다. 첫째도 다시 하기 싫어한다. 재미는 있지만 너무 길다. 둘째를 달래려면 어쩔 수 없다. 게임을 다시 해야 한다. 엄마는 할 생각이 없고 첫째는 지쳤다. 아빠랑 둘째만 했다. 너무 오래 걸리니까 계단에서만 하기로 했다. 둘째가 이길 수 있게 해줬다. 기분 좋게 만들어줬다. 짧게 끝났지만 이겼다며 기뻐했다.

몇 달 뒤 새로운 게임이 등장했다. 유명한 부루마블이다. 아이들에게는 어려운 게임이다. 엄마가 은행을 맡고 나머지 셋은 돈을 나눠 가졌다. 말이 출발점에 섰다. 전략적으로 운영할 수 없는 둘째는 금세 돈이 바닥났다. 이대로 가면 둘째는 또 진다. 어떻게 해서든 둘째를 도와야 한다. 우주 정거장으로 가서 둘째 땅에 잘 걸릴 수 있게 근처로 이동했다. 두 번이나 둘째 땅을 지나게 됐고, 엄청난 통행료를 냈다. 현금은 둘째가 1등이었다. 잘 시간이 다 돼 게임을 마무리하려 했다. 은행을 맡은 아내가 정산하자고 한다. 가진 돈과 땅과 건물의 가치를 계산해야 한다. '오, 마이 갓! 그걸 왜 하지? 그럼 순위가 나오고, 1등을 못 하면 둘째는 분명히 짜증을 낼 텐데.'

아이들이 초롱초롱한 눈으로 아빠를 바라본다. 빨리 계산하라는 뜻이다. 할 수 없이 계산기를 들었다. 둘째를 먼저 계산했다. 금액이 꽤 컸다. 첫째는 부동산이 많았다. 1등은 첫째, 꼴찌는 당연히 아빠.

1등을 못한 둘째가 짜증을 내고 씩씩거린다. 아내는 지난번하고 똑같은 말을 한다. 이길 때도 있고 질 때도 있다고. 계속 씩씩거리는 둘째를 달래려고 게임을 다시 할 수는 없었다. 이미 잘 시간이 지났다. 둘째는 씩씩거리며 소파를 왔다갔다한다. 자기는 잘못이 없는데 졌다며 억울해했다. 아내도 질 때도 있다고 계속 말한다. 그래도 계속 씩씩거리니 협박을 한다.

"이러면 다음부터 게임 안 해."

둘째는 더 짜증을 낸다. 엄마가 점점 무서워진다. 내 방법이 통할지 모르지만 한번 써본다.

"게임에서 지면 당연히 화가 나는 거야. 져서 기분이 안 좋은 게 당연해. 아빠도 3등해서 기분이 좋지 않아. 그렇지만 아빠는 화 안 나. 왜냐고? 다음에는 아빠가 1등 할 거니까."

"아냐! 내가 1등 할 거야."

둘째는 계속 씩씩거리면서도 행동은 얌전해졌다. 마구 돌아다니지 않았다. 화난다고 소파에서 뛰지 않았다. 아빠 품에 들어왔다. 덩치가 커서 징그러웠지만 꼭 안아줬다.

아내의 단골 레퍼토리에는 아이들에 관한 얘기가 있다.

"아이들한테 끌려다니지 좀 마. 어른이 중심을 잡아줘야지. 맨날 애들이 하자는 대로 하냐."

많이 항변했다. 아이들에게 공감해주고 싶다고 했다. 그래서 될 수 있으면 아이들 말을 들어준다고 했다. 아내도 맞는다고 하면서도 중심을 잃어버려 문제라고 했다. 솔직히 중심이 뭔지 모른다.

아내는 자기 기분이 앞서는 사람이다. 아이들에게도 마찬가지다.

아이들 감정이 우선되지 않는다. 자기 기분을 먼저 말한다. 그런 아내에게 불만이 많았다. 부모가 부모답지 않기 때문이다.

어느 날 첫째랑 아내가 목소리를 높여가며 말한다. 첫째는 짜증을 낸다. 엄마가 뭐라고 하자 삐쳐서 자기 방에 들어간다. 시간이 조금 지난 뒤 엄마가 첫째를 부른다. 이런저런 이야기를 한다. 자기 말만 하겠지 했는데, 첫째가 말하고 엄마가 듣는다. 이런 아내, 낯설다. 상담사 말이 맞았다.

"아내분도 내담자분도 모성애, 부성애가 많은 사람이에요. 그래서 같이 살 수 있는 거예요."

'나한테도 저렇게 해보지.'

아이랑 놀아주다가 잔소리를 들었다. 숙제를 다 끝내지 않고 논 때문이었다. 아내가 말하는 중심이 이런 걸까. 할 일은 하게 하기. 말할 것은 말하게 하기. 부모 노릇이 쉽지 않다. 아직도 모르는 게 더 많다. 아이가 크듯 나도 성장해야 한다.

행복한 부추전

주말이면 가끔 부추전을 해준다. 둘째는 채소를 싫어한다. 초록색이 보이면 가린다. 첫째는 밥을 먹기 시작하면서 김치를 먹었다. 김치를 물에 씻어서 준다. 김치가 늘 있어야 한다. 둘째는 전혀 먹지 않는다. 카레에 들어간 채소만 먹는다. 만날 카레를 해줄 수 없으니 채소를 먹이려고 이런저런 시도를 하다가 부추전을 찾았다. 둘째가 가장 좋아하는 음식이다.

부추 한 단에 밀가루, 달걀, 소금을 넣어 반죽한다. 양파를 넣으면 더 좋아한다. 프라이팬을 꺼내 기름을 넉넉히 두르고 반죽을 한 숟가락 올린다. 맛보기용 꼬마 부추전이다. 둘째가 평가하면 반죽을 조절한다. 모든 준비를 마치고 진짜 시작이다. 2시간이 지나야 반죽을 다 쓴다. 내내 서 있으면 허리도 아프고 다리도 저리다. 바닥에 큰 대자로 눕고 싶은 충동을 여러 번 느낀다. 첫째도 좋아한다. 힘들어서 자주 해주지는 않는다. 석 달에 두 번 정도 한다.

일요일 아침에 부추전을 만들 반죽을 하고 있을 때다. 아빠가 뭘 하는지 궁금한 둘째가 묻는다.

"아빠 뭐해?"

"부추전 만들어."

"아빠 최고!"

둘째가 백 허그를 한다.

"아빠 따랑해."

갑자기 혀가 짧아진다.

또 다른 일요일 아침. 반찬을 만들고 있었다.

"아빠 뭐해?"

"반찬 만들어. 멸치볶음. 한번 맛봐봐."

"맛있어."

엄지척한다. 다음 음식을 준비했다. 둘째가 또 물었다.

"아빠 뭐해?"

"부추전."

"내가 좋아하는 거?"

"어."

"아빠 따랑해."

또 격한 포옹을 한다.

하루는 아침에 일어난 둘째가 부추전을 해달라고 졸라댄다.

"재료가 없어. 아침 먹고 마트 가서 사 가지고 와서 해줄게."

그래도 싫다며 당장 해달라고 한다. 첫째가 거든다.

"지금 하고 싶어도 할 수 없어. 아빠가 이따 해준다잖아."

첫째가 말해도 둘째는 떼를 쓴다. 몇 번을 얘기해도 고집을 부린다. 뭔가 이상했다. 말귀를 알아듣는 아이였다. 같은 말이라도 누나가 하면 설득되는데, 이상했다.

"아빠가 너 못 먹게 할까봐 그런 거야?"

울음을 터트리며 고개를 끄덕인다. 진정시키고 이유를 물어봤다. 둘째는 아빠가 해준다고 해놓고 해주지 않는다고 말한다. 말만 먼저 하고 하지 않은 적이 많았다.

책과 강연에 대화의 기법으로 설득하는 방법, 질문하는 방법, 깨달음을 얻는 방법 등 많은 이야기가 나온다. 빠지지 않는 이야기가 있다. '공감'이다. 공감이 있고 없고는 진빵 속의 팥하고 같다. 공감은 머릿속에 가득찬 주제였다. 가득찼을 뿐 활용하지 못했다.

'아빠가 못 먹게 할까봐 그런 거야?'는 내가 처음 알아챈 공감이었다. 떼쓰는 아이를 협박하고 무서운 얼굴로 대했다. 둘째의 마음을 알려 하지 않았다. 할 말만 생각했고, 몰아붙였다. 아이의 마음을 보지 않았다. 이때 느낀 짜릿함을 잊을 수 없다.

편백나무가 빼곡한 휴양림으로 놀러갔다. 아내는 감기 몸살로 숙소에서 쉬고 있었다. 건강한 사람인데 여행 내내 아팠다. 여행 일정의 80퍼센트는 잠으로 보냈다. 아이들하고 숙소 앞에서 배드민턴을 쳤다. 첫째 한 번, 둘째 한 번, 번갈아가면서 쳤다. 몇 번을 치더니 첫째 얼굴이 시무룩해진다. 둘째는 열 번 넘게 치는데 자기는 두 번 밖에 못 친다고 한다. 예전에는 실력이 비슷했는데, 이제 둘째가 더 잘치게 됐다.

여행 오기 전에 집 앞 놀이터에서 배드민턴을 했다. 둘이 번갈아가며 쳤다. 첫째 친구들이 지나간다. 첫째가 친구들을 계속 바라본다. 친구 한 번 보고 아빠 한 번 본다.

"아빠. 친구들이랑 놀아도 돼?"

"그래, 놀아."

아빠가 배드민턴 치자고 해서 나왔는데 친구랑 놀기가 미안한 모양이었다. 첫째를 친구랑 놀게 하고 둘째랑 배드민턴을 쳤다. 땀날 정도로 열심히 쳤다. 랠리가 길어졌다. 열심히 치니 실력이 늘었다.

"동생은 저번에 아빠랑 연습했어."

"맞아, 누나. 누나가 친구들이랑 놀 때 아빠랑 연습했어."

첫째 얼굴은 변함이 없다.

"누구나 처음부터 잘 칠 수는 없어. 못 치는 게 당연해."

다시 첫째하고 배드민턴을 쳤다. 서너 번 왔다갔다했다. 첫째 표정이 다시 어두워진다. 여전히 동생보다 못 친다. 둘째는 열 번을 왔다갔다한다. 다시 첫째랑 친다. 이번에는 칭찬으로 도배를 했다.

"그렇게 치는 것도 잘 치는 거야. 그래, 그래. 잘 치고 있어. 와, 대단해. 아빠는 백번을 연습해도 못했어."

억지 칭찬이라는 사실을 알고 있다. 시무룩한 표정은 똑같다. 이따금 눈물도 보인다. 배드민턴을 치고 싶은 의욕마저 잃은 듯하다. 온몸에 힘이 빠져 있다. 위로도, 칭찬도 소용없었다. 방법을 바꿨다.

"동생처럼 치려면 몇 번 연습해야 할까?"

"백 번."

"너는 몇 번 연습했어?"

"열 번."

"앞으로 몇 번 연습하면 될까?"

첫째가 대답 없이 배드민턴 채를 든다. 빨리 치라는 말이다. 표정도 밝아졌다. 태도가 달라졌다. 시큰둥하던 몸이 진지한 몸으로 바뀌었다. 공을 주고받는다. 다섯 번이다. 둘째랑 번갈아가며 몇 번을 더 쳤다. 아빠가 둘째랑 치고 있을 때는 혼자 연습한다. 첫째랑 친다. 다섯 번을 넘었다. 첫째가 웃었다. 몇 번 더 치더니 스무 번을 왔다갔다했다. 첫째가 좋아한다. 둘째도 스무 번 가까이 치게 됐다. 둘이 같이 좋아한다.

부추전에 이은 두 번째 공감이었다. 짜릿했다. 이 짜릿함 뒤에는 아이들의 밝은 웃음이 따라온다. 울적하던 얼굴이 환해진다. 행복하다. 행복은 먼 곳에 있다고 생각했다. 먼 곳에 있는 문을 열어야 행복이 들어온다고 생각했다. 그 문은 부부 관계의 회복이라 생각했다. 부부 사이가 좋아야 아이들에게도 행복을 줄 수 있다고 믿었다.

어떻게든 아내의 비위를 맞추려고 조심했다. 아내를 행복하게 만들려 했다. 결과는 마음하고 달랐다. 아내의 한 마디에는 지렁이가 꿈틀거리듯 비위를 건드리는 말로 대응했다. 때로는 버럭 화를 냈다. 화내고 사과하고, 버럭하고 사과하기를 반복했다. 행복은 점점 멀어졌다. 행복의 문은 너무 멀리 가 있었다.

아이들 웃는 모습에 노곤해진다. 저절로 웃음을 짓게 된다. 행복은 문 뒤에 없었다. 늘 옆에 있었다. 조건을 붙인 탓에 보지 못했다. 부부 사이가 좋으면, 돈이 더 많으면, 집이 있으면……. 조건을 치우면 행복이 보인다.

힘들거나 외로울 때, 분위기가 험악해지려 할 때, 침묵하거나 위로했다. 배드민턴이나 부추전에는 위로가 통하지 않았다. 달콤한 말이 소용없었다. 아이들 마음을 알아주지 않고 이상한 말만 했다.

"괜찮아. 다 잘될 거야. 지금만 넘기면 괜찮아질 거야. 힘내."

위로가 되지 않는다. 이런 말을 한 이유를 곰곰이 생각했다. 당사자가 아니라 나한테 한 말이다. 안쓰럽고 안돼 보이는 감정을 없애려고 건넨 주문이다. 도움이 될 리 없다. 돈 때문에 힘들어하는 친구에게 다 잘되리라거나 곧 괜찮아진다는 말은 도움이 되지 않는다. 위로가 안 된다. 그런 친구에게는 돈이 위로요 도움이다.

"지금 어떻게 하고 싶어? 뭘 하면 도움이 될까? 뭘 도와줄까?"

4부

늘 최선을
다하고 있다는
착각의 늪

인문학을 접했습니다.
한 권 한 권 읽어 지식을 쌓았습니다.

2019. 7. 15
공갈빵

살아오면서 적을 만들지 않았다. 크게 싸운 적도 없고 다툰 일도 거의 없다. 주변 사람들하고 사이좋게 지냈다. 싫은 소리를 하지 않았다. 할 필요가 없었다. 대학 다닐 때 룸메이트는 나를 천사라고 불렀다. 몇 번을 물어도 진심으로 말한다. 착한 생활은 결혼하고 나서 깨졌다. 결혼은 시련이다. 아내 눈치를 봐야 하고, 부모님을 살펴야 한다. 결혼한 뒤에도 살던 방식대로 살았다. 착한 사람이니까 착하게 살았다. 어느 순간 나만 착한 사람이 돼 있다. 아내는 못된 사람이다. 혼란스러웠다. 최선을 다해 성실히 살아왔다. 개똥철학이 산산이 무너졌다. 무엇을 믿었는지, 무엇을 믿어야 하는지가 안갯속이다. 등대가 필요했다. 나를 객관적으로 볼 수 있는 눈이 필요했다. 상담을 받으면 하루아침에 다른 사람이 될 듯했다. 그런 기적은 오지 않았다. 작은 깨달음만 계속 생겼다.

좋아? 싫어?

착하게 살았다. 말다툼 한 번 한 적 없다. 적어도 결혼 전에는 그랬다. 조용히 살았다. 지금 생각하면 바보 같다. 시키는 대로 했다. '노'라고 말하지 않았다. 웬만해서는 그냥 넘어갔다. 약간의 불합리도 받아들였다. 조금만 참으면 평화롭기 때문이다. 나는 평화주의자다.

작은 회사에 다닐 때였다. 갑자기 보직을 옮기라고 한다. 하던 일에 상관없는 다른 일을 하라고 한다. 한 달 뒤 또 다른 일을 하라며 부서를 새로 만든다. 8개월 동안 보직이 세 번 바뀌었다. 좋게 생각하면 만능 맨이고 나쁘게 말하면 구멍 메우는 사람이다.

보직을 옮기자면서 회사는 무리한 요구를 했다. 프로젝트 매니저가 되라고 한다. 신용 등급을 제출하라고 한다. 하자고 해서 그렇게 했다. 지금 생각해보면 그렇게 할 필요까지는 없었다. 신용 등급을 요구하는 회사도 없고, 그런 요구를 당연하게 생각하는 회사도 없다. 과장 직급한테 신용 등급이라니. 참 바보스럽게 미련했다. 조금 손해 보고 살자는 마음이었다. 자기주장을 하지 않았다.

대학교 때 룸메이트는 신입생이고 나는 복학한 3학년이었다. 신입생은 놀기 바쁘다. 선배, 동기, 동아리까지 밤마다 술이다. 여느 때처럼 많이 마시고 들어오더니 곧바로 잠이 든다. 술 냄새가 심하게

풍겼다. 늘 있던 일이라 그러려니 했다. 자던 녀석이 뒤척인다. 컥컥
거리더니 바닥에 피자를 굽는다. 더러워진 몸으로 계속 자면서 그 위
를 뒹군다. 깨워도 일어나지 않아서 내가 오물을 치웠다. 옷을 벗기
고, 몸을 닦고, 방을 정리했다. 아침에 깬 녀석은 죽을죄를 지었다며
미안해했다. 그 뒤로 나를 천사라고 불렀다.

룸메이트의 동기는 기숙사 생활을 했다. 기숙사는 두 명이 한방
을 쓴다. 그 방에 내 친구가 살았다. 룸메이트의 동기는 내 친구에게
심심하면 얼차려를 받았다. 무섭게 생긴 그 친구 녀석이 내 비교 대
상이었다. 별명이 '소도둑놈'이었다.

결혼을 준비하면서 갈등이 시작됐다. 시댁 문제였다. 아내는 아
내의 생각만, 부모님은 부모의 생각만, 누나는 시누이의 생각만 말
한다. 중간에 교통정리를 해야 하는 나는 '노'라고 하지 못했다. 이
러지도 저러지도 못하고 오해를 만들었다.

아직 여자 친구이던 아내를 데리고 누나 집에 갔다. 결혼하고 싶
은 사람이라고 소개했다. 누나는 아내를 편하게 대했다. 오랜만에
만난 사람처럼 굴었다. 누나 성격을 아는 나는 전혀 이상해 보이지
않았다. 아내는 첫 대면부터 반말하는 누나가 예의 없다고 했다. 윗
사람이지만 처음부터 반말은 예의가 아니라며 불쾌해했다. 누나는
불편해하지 말라는 뜻이었다고 아무리 설명해도 이해하지 않았다.

조금 참고 그냥 넘기면 될 텐데 아내는 그러지 않았다. 기분이 상
하면 나를 붙잡고 몇 시간이고 계속 얘기한다. 이해하지 않는 아내

가 미웠다. 때로는 화도 났다. 만들지 않아도 되는 불씨를 만드는 듯했다. 참을성을 찾아볼 수가 없었다.

결혼 생활도 갈등의 연속이었다. 기분 상하면 바로 자기 말만 한다. 예의가 없다. 그러면서 자기한테는 예의를 갖추기를 바랐다. 상처가 되는 말을 안다. 아픈 곳을 정확하게 긁는다. 아내는 능력자가 맞다. 말 한마디에 상대방이 방전되기 때문이다.

집안이 시끄럽다. 되는 일이 없다. 회사도, 친구도, 부부 사이도 좋은 관계가 없다. 아내 말은 화가 나도 삭여야 했다. 말대답을 하면 모든 일이 내 잘못이 된다. 답답해서 꺼낸 말이 더 답답하게 만든다. 말하면 손해다.

결혼하고 나서 화를 내는 나를 봤다. 목소리 높이는 내가 보였다. 너그러운 눈길이 사라지고 으르렁거리는 고양이가 됐다. 모든 원망은 아내에게 향했다. 결혼 전과 후가 너무 달랐다. 다시 총각으로 돌아갈 수 없고, 미운 감정이 크게 자리잡고, 한숨이 깊어지고, 삶의 의미를 잃었다. 게임이 하나 남은 휴식처였다.

출퇴근 시간에 잠깐 하는 게임 덕에 살았다. 숨통을 확 트이게 하지는 못했지만, 아주 작은 구멍으로 숨쉴 수 있었다.

'왜 나를 못살게 하는 거야. 내가 무슨 잘못을 했다고. 다들 나한테 왜 이래?'

원망의 늪을 헤맸다. 눈동자에 힘이 빠졌다. 로봇처럼 살았다. 감정 없이 사는 삶이 차라리 편했다. 아내가 주문도 했다.

"생각하지 말고 시키는 대로만 해. 로봇처럼 해봐. 얼마나 좋아?

시키는 일만 하면 되니까."

로봇도 쉽지는 않다. 싫은 소리를 들으면 '욱'이 올라온다. 올라오면 불타오른다.

'에라, 모르겠다. 몰라, 될 대로 되라지.'

거의 포기 수준이었다. 감정을 포기했다.

하루는 아내가 《미움 받을 용기》라는 책을 읽고 이야기를 한다. 화나는 상황은 상황 때문이 아니라 자기가 화내고 싶기 때문이라고 한다. 감동을 받았는지 책 내용을 계속 말한다. 책 한 권을 다 들려주는 듯했다. 변화를 기대했다. 금방이라도 바뀔 듯했다. 기대는 실망으로 이어졌다. '그럼, 그렇지.'

어느 강의를 듣고 깨달았다. 좋은 것과 싫은 것, 이분법으로 세상을 보면 다 그렇게 보인다고 한다. 아이들에게 자주 하는 질문이 있었다. 어딜 가든, 무엇을 하든, 꼭 물었다.

"좋아? 싫어?"

좋은 것과 싫은 것이 분명하기를 바랐다. 좋으면 좋은 것이고 싫으면 싫은 것이다. 이것도 아니고 저것도 아닌 상황을 가장 싫어했다. 회색론자는 기피 대상이었다. 좋은 것 같기도 하고 싫은 것 같기도 하고, 자꾸 왔다갔다하는 사람을 볼 때면 답답하다. 물건을 살 때 결정 장애에 빠진 사람을 보면 대신 골라주고 싶다. 좋은 것과 싫은 것이 분명한 사람은 결정이 빠르고 추진력이 있다. 망설임 없이 선택하는 모습이 시원시원하다. 이런 시원함을 좋아한다.

나도 아내도 흑과 백을 좋아했다. 연애 시절 아내도 내가 흑백이 확실한 사람이라 좋다고 했다. 아내는 흑과 백만 있다. 좋을 때는 지나치게 좋고, 싫을 때는 너무한다 싶을 정도로 차갑다. 이런 점이 비슷해서 끌렸고 결혼까지 했다.

이 생각이 깨졌다. 회색론자가 되고 있다. 우리에게는 많은 감정이 있다. 감정의 스펙트럼에서 흑과 백만 있는 사람에게는 빛과 어둠만 존재한다. 다른 색을 무시하고 두 가지 색으로 세상을 본다. 좋은 것과 싫은 것이 확실히 구분되는가 하면 그렇지 않은 사례도 많다.

'배고프다'는 좋고 싫음으로 나눌 수 없다. 배가 고플 뿐이다. 굳이 나누면 싫어하는 쪽이다. '심심하다'도 좋고 싫음으로 나눌 수 없다. 심심할 뿐이다. 좋은 것과 싫은 것만 있는 사람은 남도 그런 식으로 바라본다. 남도 그렇게 해주기를 바란다. 많은 감정 중에 두 가지만 원한다.

강연 때 받은 종이에는 '행복한', '들뜬', '우울한', '피곤한' 등 여러 감정이 써 있었다. 하나씩 읽었다. 좋고 싫음이 없다. 다 하나의 감정일 뿐이다. 여러 감정을 둘로 나누고 있었다. 세상을 좁게 살았다. 컬러텔레비전이 있는데도 흑백텔레비전만 보는 격이다.

뇌는 좋지 않은 기억을 더 오래 간직한다. 많은 아이들이 부모가 가장 좋을 때는 대답을 못해도 가장 싫을 때는 명확히 대답한다. 아빠가 때린 때, 엄마가 무서운 표정으로 화낸 때 등이다. 1년에 딱 한 번이라고 억울해해도 소용없다.

우리 뇌는 많은 정보 중에서 생존에 가치가 있다고 생각하는 정보를 더 오래 보존하고 기억하려 애쓴다. 이 정보의 가치를 매기는 척도가 감정이다. 정신세계에서 감정은 돈이나 다름없다. 감정이 강하게 실린 정보가 가치 있는 중요한 정보로 여겨진다. 그런 정보는 쉽게 장기 기억으로 저장된다. 압도적인 상황에서 공포와 무력감을 느낄 때, 이른바 '멘붕'이 오면 뇌는 생존 모드로 바뀌어 그 상황을 고스란히 장기 기억에 저장한다. 혼난 이유는 기억하지 못한 채 그때 눈으로 본 표정과 몸이 느낀 통증 같은 무서운 감정만 뚜렷하게 남는다.

우울증, 대인 기피증, 불안증 등 많은 좋지 않은 감정은 이분법으로 세상을 본 결과다. 주변 때문에 생겨난 감정이 아니다. 이분법 세상에서 싫은 것만 취한 탓이다. 앞으로도 이렇게 살아야 한다고 생각하니 겁이 났다. 아내가 하는 말에 동의하기 싫지만 모든 잘못은 나한테 있었다. 잔소리하는 이유가 있고, 화내는 이유가 있다. 친구들이 서운해하는 이유가 있다. 구조 조정 대상이 된 이유가 있다. 원인을 밖에서 찾은 탓에 해결할 수 없었다.

'고마워.' 아내에게 듣고 싶은 말이다. 한 번도 들어본 적 없는 말이다. 늘 화난 얼굴에 날이 서 있었다. 고맙다는 말을 한 적이 없다고 단언했다. 그런데 가끔 했다. 주말에 온종일 아이들을 돌보고 늦게 들어올 때, 하루 종일 음식 해서 일주일치 반찬을 만들 때, 했다.

"고마워."

가뭄에 콩 나듯 했다. 비아냥거리는 느낌이었다. 고마운 마음 없이 그냥 하는 말 같다. 미운 사람 떡 하나 더 주기 같다. 먹고 떨어지라는 느낌을 받았다. 아내를 탓할 문제가 아니었다. 부정적으로 생각하는 내가 문제였다.

아이들에게 다르게 물어보기로 했다. '좋아'나 '싫어'가 아니라 아이들 마음을 이야기할 수 있게 질문을 바꿨다. 영화를 함께 봤다. 오랜만이라서 아이들이 좋아했다.

"영화 어땠어?"

"좋았어."

"뭐가 좋았어?"

"다."

"그래? 그중에 한 가지만 말해줄래."

"……."

바뀌려면 시간이 더 필요하겠다.

내가 죽으면

산다는 것은 어떤 의미일까. 결혼은 해피 엔딩일까? 결혼은 무덤이
맞는 걸까? 좋지 않은 이야기를 많이 들었지만 행복할 자신이 있었
다. 잘 참을 줄 아니 쉬운 일이라고 생각했다. 화목한 가정이 기다리
는 줄 알았다. 인내의 한계는 생각보다 가까웠다. 아내는 이 한계를
마음대로 넘나드는 놀라운 능력을 지녔다. 서로 익숙해지는 시간이
인내의 두께를 얇게 만들었는지 쉽게 폭발하는 나를 만났다.

　아내는 감정이 격해지면 처음부터 미안하다고 말하라고 한다. 그
말만 하면 된다는 식이다. 화가 풀릴 때까지 미안하다고 하면 내 말
을 들어줄 수 있다고 한다. 나 또한 한 번도 미안하다고 해주지 않았
다. 감정이 격해지면 아무것도 생각나지 않는다. 가끔 생각날 때도
해주고 싶지 않다. 이미 감정이 상해 있기 때문이다. 맞다. 속 좁은
남편이다. 두 번째 화살을 맞지 않으려면 도중에라도 미안하다고 해
야 하는데, 끝까지 하기 싫다.

　그러다 모든 말을 내뱉고 미안하다고 했다. 아내가 말한다.

　"찔러놓고 미안하다고 하냐."

　알면서도 하기 싫다. 싸우면 서로 감정을 건드린다. 심하게, 아프
게 건드린다. 서로 조심성이 없다. 최소한의 배려도 없다. 이런 시간

이 쌓이고 쌓였다. 좋던 감정이 없어지고 악감정만 남았다. 화목? 행복? 멀어지고 있다. 집에 돌아오면 텔레비전만 본다. 말을 걸어도 대답이 없다. 투명 인간이 된 듯하다. 야근하고 들어온 집은 캄캄하다. 집안일만 나를 기다린다. 침대만 이 몸을 받아준다. 그 위에 외로움이 따라 눕는다. 같은 공간에 살고 있는 부부가 맞나. 뭘 위해 이렇게 사는지 모르겠다.

회사 분위기도 엉망이다. 구조 조정을 한 뒤 활기를 잃었다. 누구 하나 의욕이 없다. 프로젝트 진행은 지지부진하다. 그만두고 싶다. 나 같은 사람이 많다. 그만둘 시기를 재고 있다. C부장은 언제 잘리지 몰라 근심이다. 대표는 1년이 멀다하고 교체된다.

일도 재미없다. 적성에 맞는지 의심이 생긴다. 컴퓨터 만지는 일을 하고 싶었다. 분야는 상관없었다. 초등학교 때 처음 접한 때부터 나는 컴퓨터에 관련된 일을 하겠다고 정했다. 너무 빨랐다. 다른 분야가 많은데 알아보지 않았다. 빨리 결정한 탓에 다른 데 눈길을 돌리지 않았다. 직업 탐구 과정이 없었다.

하면 할수록 적성에 맞지 않는다. 꼼꼼한 성격이 아닌데 매우 꼼꼼해야 하는 일이다. 안 그러면 피곤해진다. 이 바닥 말로 똥쌌다고 한다. 여기를 수정하면 저쪽에서 터지고 저쪽을 고치면 다른 곳에서 꼬인다. 꼼꼼해야 막을 수 있다. 나는 꼼꼼한 성격이 아니다.

협업도 중요하다. 협업할 일이 없다고 생각해 선택한 직업이었다. 자기 일만 잘하면 된다고 오판했다. 프로젝트 규모가 클수록 협업이 필수다. 사람 대하기가 쉽지 않다. 영업의 '영'자도 듣기 싫어한다. 협업은 영업이랑 다르지만 똑같이 사람을 상대해야 한다. 만만치 않았다. 무엇 하나 재미없다. 살아가는 재미가 없다. 출퇴근 시간에 잠깐 하는 게임에 빠지면 모든 것을 잊는다. 회사도, 집도, 미래도, 아무것도 생각하지 않아도 된다.

짧은 시간 몰두하는 게임은 숨을 쉴 수 있는 구멍이었다. 다시 물속으로 들어가기 위한 숨구멍이었다. 재미없는 세상, 이대로 사라지면 어떻게 될까. 내가 없어지면, 다들 잠깐 슬퍼하다가 아무 일 없는 듯 살아가겠지. 가족 아닌 사람들은 아무것도 달라지지 않을 테고, 슬퍼할 이유도 없겠지. 더 살아봤자 무슨 의미가 있을까.

아버지는 누가 고민을 털어놓으면 세상은 원래 그렇다고 말했다. 부부 사이가 좋지 않아 별거한 친척이 있다. 갈등이 많은데 문제를 해결하지 않고 그냥 넘어가서 별거까지 했다.

"40대가 되면 원래 그런겨. 꼴도 보기 싫고 그런겨. 그 시기만 잘 지나가면 되어야."

삶이 원래 그런 것이라면, 참 재미없다.

아내는 내가 가장 구실을 제대로 못하는 데 불만이 크다. 우리 가족을 둘러싼 울타리가 없다고 말한다. 울타리는 필요 없었다. 우리는 가족이니까. '우리'의 범위는 8촌이다.

가장의 구실을 중요하게 생각하지 않았다. 왜 남자만 가장이 돼야 해? 남자라는 이유로 왜 독박을 써? 필요하면 알맞은 사람이 가장 구실을 하면 된다. 꼭 가장이 필요해? 갈등의 시작은 가장의 구실이었다. 싸움은 다른 데로 번졌다. 조그만 일도 큰 싸움이 됐다.

좋은 추억을 많이 저축하라는 말을 들었다. 추억은 아이가 클 때 도움을 주고 버팀목이 된다고 한다. 사람은 나약한 존재다. 기댈 곳을 찾는다. 아내도 나도 마찬가지다. 좋은 기억이 거의 없다. 많이 쌓지도 않았다. 계속된 싸움은 그나마 남은 기억마저 깎아먹고 있다. 좋은 기억도 재해석한다. 정말 좋은지 되묻는 의심의 씨앗을 심는다.

아내는 조건을 보고 만났다. 성격이 조건이었다. 아내는 내게 끌리지 않았다. 나하고 정반대 성향인 사람에게 끌렸다. 끌리는 사람을 만난 적도 있는데 독불장군이라 많이 싸웠다. 이제는 끌림은 없지만 자기를 받아줄 수 있는 사람을 만나고 싶다고 했다.

딸은 아빠가 이상형이라는 말이 있다. 장인어른은 나하고는 반대 성향이다. 아내는 자상해 보이는 모습에 나머지 조건은 보지 않았다. 살아보니 자상한 남편은 없었다. 아내도 의지할 곳이 없어졌다. 이렇게 싸울지 알았으면 시작조차 하지 않았을 텐데. 이대로 살다가 죽어야 하는 건가.

대학교를 졸업하고 서울로 올라왔다. 처음에는 올라올 생각이 없었다. 아는 사람 없는 곳에서 살아갈 자신이 없었다. 누나가 손을 내밀지 않았으면 도전하지 않았다. 감당할 수 있는 곳에서 그럭저럭 살았을 듯하다. 꿈도, 하고 싶은 일도 없었다. 큰물에서 놀아보라는 말에 올라왔지만, 목표가 없었다.

취직자리를 알아봤다. 컴퓨터 관련된 일은 어디라도 상관없었다. 이력서를 돌렸다. 두 달 뒤 작은 회사에 들어갔다. 아르바이트할 때보다 큰돈을 줬다. 하는 일에 견줘 많이 받았다. 이렇게 많이 받아도되나 싶었다. 몇 번 월급을 받고 행복해할 때 친구가 월급 이야기를 했다. 나보다 많이 받았다. 내 월급이 적어 보이기 시작했다. 슬슬 불만이 생겼다. 하는 일도 재미없어졌다. 대학에서 배운 내용은 써먹을일이 없다. 다 새로 배웠다. 드라마에서 보는 직장인은 화려한데 나는 칙칙했다. 친구를 불러 한잔한다. 동료들하고 한잔한다. 내일 출근하려고 오늘의 불만을 술로 푼다. 미래를 준비하는 사람이 없었다. 목표를 세우고 오늘을 사는 사람은 텔레비전에만 있었다.

큰물에서 놀라고 권한 누나도 꿈이 없었다. 정말 놀기만 했다. 회사, 술, 회사, 술이었다. 가끔 영화를 본다. 이따금 마트에 가서 장을본다. 큰물에서 그냥저냥 살다가 수영 동호회에 가입했다. 동호회사람들은 수영뿐 아니라 다른 취미를 같이하고 있었다. 마라톤, 인라인, 철인 3종, 사이클 등을 하며 대회도 나갔다. 운동, 좋다. 그런데 운동 끝난 다음에 술을 마셨다. 술자리가 더 많이 생겼다.

누나의 삶은 회사, 운동, 술로 바뀌었다. 여전히 꿈은 없다. 현재의 삶에 만족하며 살았다. 불평불만은 술이 받아줬다. 내 친구들은취업을 걱정하고 있거나, 급여가 적어 이직을 생각 중이다. 꿈이 없다. 현실을 사는 데 급급하다. 다들 삶의 의미를 찾을 수 없었다.

어느 조사에 따르면 꿈을 갖고 사는 사람은 3퍼센트 정도라고 한다. 3퍼센트만 꿈을 향해 도전하고 나머지 97퍼센트는 그냥저냥 살아간다는 말이다. 나는 이 97퍼센트에 속한다. 어떻게 살든 결국 죽기는 매한가지다.

한 친구가 자살이 쉽게 다가왔다고 했다. 그 친구도 자살은 텔레비전에만 나온다고 생각했다. 아무리 힘들고 괴로워도 자살을 생각하지 않았다. 고민을 안고 사는 녀석이다. 주변에 자살한 사람이 셋이나 된다고 했다. 어느 날 '나도 갈까?'라는 생각이 들었다. 의지가 강하고, 자살하고는 거리가 먼 친구였다. 자기도 자살이 그렇게 쉽게 다가올지 몰랐다고 한다.

"남들이 보면 별것 아닌 고민에 자살이라니!"

내 고민도 남들이 보면 별것 아니다. 겨우 그런 일 때문에 자살을 생각하느냐고 말할 수 있다. 좋지 않은 상황에 계속 노출되면 나약해진다. 나약해지면 결정이 쉬워진다. 가장 쉬운 결정은 도피다. 게임을 계속한 이유가 여기에 있다. 문제를 해결하지 않은 채 하루하루를 그냥저냥 산다. 상담 결과지를 보면 언제 자살해도 이상하지 않다. 내가 죽으면? 아무것도 달라지지 않을 세상에 있으나마나 한 존재가 사라진다. 사는 데 의미가 없다. 이대로 영원히 도피할까?

친구처럼 쉽게 다가오지는 않았지만 자살을 생각하기는 했다. 지금 이렇게 살고 있는 이유는 오기 때문이다. 우울하게 살고 싶지 않다. 위태롭게 살기 싫다. 한순간이라도 좋으니 행복하게 살고 싶다. 행복에 겨워 한바탕 웃고 싶다. 행복해하는 아내를 보고야 말겠다.

책을 조금씩 읽기 시작했다. 강의를 찾아 들었다. 상담을 하고 내가 어떤 상태인지 알게 됐다. 불안한 상태는 맞다. 무엇을 어떻게 해야 하는지는 모른다. 책에는 답이 없다. 단순한 질문부터 해봤다.

'나는 뭘 좋아하지?'

'나는 뭘 재미있어 하지?'

'좋아하고 재미있는 일을 하면 행복해지겠지?'

진짜 나를 찾아서

변하고 싶으면 판을 바꾸라는 말이 있다. 만나는 사람을 바꿔보라는 말이다. 바꾸면 자기도 그런 사람하고 비슷한 사람이 된다는 뜻이다. 당장 판을 바꿀 수는 없다. 아내를 바꿀 수 없지 않은가. 마음속에 있는 판을 바꾸기로 했다. 다르게 살아보기로 했다.

희생하며 살았다. 나를 내세우지 않았다. 주어진 일에 최선을 다했다. 수동적인 태도지만 열심히 살았다. 사람들에게 말하고 다녔다. 월급은 30만 원이라고. 30만 원은 교통비와 식비가 포함된 한 달 용돈이다. 아내는 생각이 달랐지만, 희생이었다.

다르게 살아보기로 마음먹고는 무엇을 어디서 어떻게 시작해야 할지 고민했다. 답이 없었다. 무엇을 좋아하고, 무엇을 싫어하는지, 무엇을 재미있어 하는지 아는 게 없었다. 내가 나를 모르고 있었다.

좋아하는 것을 찾아보기로 했다. 상태가 나아질 것 같았다. 의욕이 생기고, 자존감도 올라갈 것 같았다. 우울증과 불안증이 누그러질 수 있다고 생각했다. 정말 모르겠다. 무엇을 좋아하는지 모르겠다. 좋아하는 것이 있는지도 모르겠다. 끊고 나니 게임도 좋아하지는 않았다. 일도 재미없다. 아주 꼼꼼해야 잘할 수 있는 직업이다. 나는 덜렁이다. 다른 일을 해보고 싶은데 해본 일이 없다. 머릿속에 창업만 맴돈다. 창업도 돈이 목적이라 자신이 없다. 고민을 계속해도 답이 없었다. 결론은 '나는 좋아하는 것이 없다'다.

'나를 찾자. 그럼 뭐라도 보이겠지. 안 보이면 어때. 뭐라도 해보는 거지, 뭐.' 좋아하는 것 대신 나를 찾기로 했다. 내가 어떤 사람인지 알아보기로 했다. 판을 바꾸려면 나를 알아야 한다. 결과지에 드러난 내 모습은 내가 모르는 나다. 남들이 보는 나와 내가 보는 나를 종이에 적어 내려갔다.

성실한 사람? 남들은 성실하다고 하지만 그렇지 않다. 드라마에 빠져 있을 때, 게임에 몰두할 때, 나는 성실한 사람이 아니다.

착한 사람? 아내에게 모진 말을 하는 나는 착한 사람이 아니다.

자상한 사람? 아이들에게 부추전을 해주고 아이들이 좋아해준다고 해서 자상한 사람은 아니다. 자기주장이 확실해지면서 아이들이 아빠가 하는 말을 듣지 않는 때가 많다. 협박을 해야 말을 듣는다. 소리를 쳐야 들어준다. 나는 자상한 사람이 아니다.

남들이 정의한 말을 대입하면 나는 그런 사람이 아니었다. 그럴 때도 있고 아닐 때도 있다. 몇 개 더 적어도 결과는 같았다. 나를 정의할 말이 없다. 진짜 나는 누구일까. 이름 석 자만 나를 가리킨다.

자존감 수업을 들었다. 내용은 실망스러웠지만 소득은 있었다. 내 모습을 하나 엿볼 수 있었다. 가족들은 내가 답답하다고 말했다.

"하는 게 답답해도 좀 참고 살아."

누나가 결혼 전에 예비 신부에게 한 말이다. 답답한 사람인지 모르고 살았다. 나는 답답한 적이 없기 때문이다. 왜들 답답하다고 그러는지 몰랐다.

자존감 수업은 자존감이란 무엇인지, 언제 낮아지고 언제 높아지는지 함께 이야기하는 자리였다. 강사도 자존감이 낮았는데 노력한 결과 지금은 여자 친구하고 관계가 좋아졌다고 한다. 참여한 사람들이 참여 계기를 이야기하고 강사가 평가한다. 그 평가에 갸우뚱했다. 당연하게도 사람들은 자존감이 낮아서 참여했다고 말한다.

노래를 좋아하는 첫째 참가자. 자존감이 낮아 어떤 시도도 못하고 있다. 둘째 참가자는 회사를 그만두고 쉬고 있다. 자존감이 낮아 구직 활동을 적극적으로 하지 않았다. 넷째 참가자는 서울에서 쭉 살다가 결혼하면서 구미에 내려갔다. 마음 붙일 곳이 없다. 아는 사람 하나 없는 곳에서 살기가 힘겹다. 자존감이 낮아 새로운 사람도 못 사귀고 있다. 다섯째 참가자는 그냥 자존감이 낮다. 친구들을 만나는 술자리에서도 주도권 없이 조용히 앉아만 있다. 취업 준비생인 여섯째 참가자는 계속되는 불합격 때문에 자존감이 낮아진 상태다. 셋째 참가자인 나는 회사와 가정에서 나를 있는 그대로 봐주기를 바라는데 그렇지 않아 힘들다고 말했다. 기대에 못 미친다며 닦달하는 잔소리 때문에 자존감이 많이 낮아진 상황이라고 진단했다.

정의를 다시 들려줬다. 나는 사랑받을 만한 가치를 지닌 소중한 존재이고 어떤 성과를 낼 만한 사람이라고 믿는 마음이 자존감이다. 자존감이 높은 사람은 자기 정체성을 제대로 확립할 수 있다. 자존감은 자아존중감이다.

두 가지 마음이 있다고 말했다. 아버지를 원망하는 마음과 이해하는 마음이 공존한다고 털어놨다. 강사는 상대를 이해하면 원망이 사그라진다고 말한다. 두 마음이 왜 공존하는지 이해가 안 된다고 한다. 전문 상담사를 만나보라고 권했다. 조현병 환자가 되는 느낌이었다. 나를 이상한 사람으로 보는 듯했다. 강사가 하는 말을 소화할 수 없는 내 모습을 보니 자존감이 낮은 게 맞다.

강사는 참가자들하고 개인적인 대화를 시도했다. 내 차례가 됐다.

"제게 몇 살이냐고 질문해주세요."

"몇 살이세요?"

"서른두 살이요."

"아, 네."

"……."

갑자기 맞은편에 앉은 사람이 소리친다.

"이런 게 답답하다고!"

다들 빵 터진다. 남자들이 대부분 나 같은 성향이라고 강사는 설명한다. 화장실을 다녀온 다른 남자 참가자에게 강사가 묻는다.

"제게 몇 살이냐고 물어봐주세요."

"몇 살이세요?"

"서른두 살이요."

"네……."

또 한 번 다들 크게 웃는다. 남자 참가자는 어리둥절해 한다. 답답한 이유를 알았다. 대화가 오고가야 하는데, 나는 잘라 먹는다. 질문이 가면 질문이 와야 하는데, 오지 않는다. 이날 내가 답답한 사람이라는 사실을 알았다.

지금껏 살아온 자기 역사를 글로 적어보라는 책을 봤다. 자기가 보인다고 한다. 태어나서 지금까지 생각나는 대로 적었다. 에이포지 한 장이면 충분하다고 생각했다. 평범하게 살아왔다. 학교 다니고, 졸업하고, 군대 갔다 오고, 취직하고, 결혼하고, 아이 낳고. 기억나는 사건이나 이야깃거리도 별로 없다.

에이포지 한 장을 앞에 두고 초등학교 때 얘기부터 적었다. 야구하며 놀던 이야기, 개미 관찰한 얘기, 현기증으로 혼자 쓰러졌다가 깬 얘기, 컴퓨터 사러 간 얘기, 자전거 배운 얘기, 다니던 학교가 분교로 바뀐 얘기, 자살 충동, 방학 때 교무실에서 공부한 얘기 등 초등학교 시절만 에이포지 한 장을 넘기고 있었다.

중학교랑 고등학교 때 큰집에서 산 얘기, 아무도 눈치 주지 않는데도 눈칫밥 먹던 얘기, 큰집에 친구들 데려오지 못한 얘기 등이 줄줄 잘 적힌다. 두 시간을 쉬지 않고 썼다. 팔이 조금 아파왔다. 키보드가 아니라 펜으로 이렇게 오래 써본 적이 없다. 3년 사귀고 헤어진 여자 친구 얘기까지 에이포지에 빽빽하게 4장이 됐다.

어린 시절은 사건 중심이고 성인기는 감정 중심이었다. 내가 누구이고 어떻게 살았는지 조금 알 수 있었다. 이름 석 자가 나를 대변할 수 없듯이 단어 몇 개로 나를 표현할 수 없었다. 무엇보다 관계에 관해 알게 됐다. 관계를 어떻게 맺고 어떻게 끊었는지, 무슨 상처를 받

173

고 어떻게 치유했는지, 내 요구는 어떻게 표현하는지, 내가 어떤 사람인지 알게 됐다.

참 서투른 사람이다. 특히 아내에게 잘 들켰다. 인자해 보이지만 그렇지 않다. 기대를 안고 접근한 아내도 실체를 알고 실망했다. 사람 좋아 보이는 웃음 뒤에 도사리고 있는 나를 아내는 안다. 그 '진짜 나'를 잘 건드리기도 한다.

아내하고 싸운 일을 자세히 적어봤다. 살아온 날을 글로 적으면서 나를 알게 됐듯 아내를 알고 싶었다. 다 적은 뒤에 보니 느낌이 사뭇 다르다. 싸울 때는 피해자이던 내가 글로 적으니 가해자가 된다.

"왜 그때랑 다르게 얘기해?"

"상황이 바뀌었잖아."

"상황이 바뀐 걸 어떻게 알아. 말해줘야 알지."

"제발 뭐 하기 전에 물어봐. 물어보면 되잖아."

"바뀌는 걸 모르는데 어떻게 물어봐."

"니가 관심이 없어서 그렇지. 귀찮게 해도 되니까 제발 물어봐."

'따따따'가 4절까지 이어지고 있었다.

"처음부터 미안하다고 해봐. 그럼 풀려. 어떻게 한 번을 안 하냐, 한 번을."

"한 번은 했거든."

"언제? 말해봐. 언제 했어?"

"미안하다고 해도 계속 화냈잖아."

"화 풀릴 때까지 해야지. 그게 한 거냐? 처음부터 하라고, 화 다 풀릴 때까지."

자존감이 바닥인 상태라 아내가 하는 말은 독 같았다. 나를 인정해주기를 바랐다. 한 번만 인정해주면 이렇게 싸우지 않았다. 아내도 인정받고 싶은 욕구가 있다. 내가 먼저 자기를 인정해주기를 바란다. 먼저 인정해줘야 한다는 점을 알면서도 무시, 멸시, 방어, 분노를 반복하면서 싸운다. 생각은 해도 마음이 움직이지 않는다.

'내가 먼저 해야지. 내가 남자잖아.'

마음속으로 생각해도 말로 나오지 않는다. 책으로 알았고, 강의로 배웠다. 알고 있는데, 막상 그 상황이 되면 똑같은 행동과 말을 한다. 마치 춤을 글로 배운 느낌이다.

글에서 만난 나와 아내는 아직 아이의 마음과 생각을 갖고 있다. 무엇이 필요한지 알지만 어떻게 해야 하는지 모른다. 아내도 화를 참지 못하는 자기가 싫다고 한다. 자기가 내는 화를 받아주지 못하는 남편. 늘 받아준다고 말하면서 한 번도 받아주지 않아 믿음이 깨지고 실망을 안겼다. 더는 기대하지 않게 됐다. 아내에게 흔들리지 않고 제 3의 눈으로 보면 되는데, 말처럼 쉽지 않다.

피아노는 검은건반과 흰건반이 있다. 저마다 다른 음을 낸다. 다 아는 사실이다. 사실을 안다고 해서 루트비히 판 베토벤의 〈운명〉을 연주할 수는 없다. 아는 것과 실천하는 것은 차이가 크다.

코끼리

살이 계속 찐다. 결혼할 때 72킬로그램이던 몸무게가 점점 불어 80킬로그램에 안착하나 싶더니 82킬로그램까지 늘었다. 얼굴에도 살이 찐다. 볼살과 안경이 맞닿는다. 거울을 보기가 싫어진다. 뱃살은 놀림감이다. 둘째가 아빠 배를 가리키며 말한다.

"아빠. 너무 뚱뚱해. 살 좀 빼라."

살 이야기를 하면 주변에서 많은 조언을 들을 수 있다. 다이어트를 해보지 않은 사람이 없다. 맥락은 같다. 운동과 음식 조절. 회사, 집, 회사, 집 생활을 하면 운동할 시간이 없다. 맛있는 음식도 지천이다. 먹고 싶은 음식이 이렇게 많은데 어떻게 조절이 되나. 그냥 먹고 죽으련다. 솔직히 말하면 운동하기 싫다. 음식 조절 하기 싫다. 검진 데이터는 적신호이지만 당장 아프지 않으니 뒤로 미뤘다.

가장 잘 쓰는 삶의 방식은 회피다. 살아온 날을 글로 적으면서 생각하니 자주 하는 말이 있었다. '몰라', '알았어', '그런데', '안 돼', '알겠다고', '말했잖아', '그래서', '당신은' 등이다. 부정적인 말과 행동은 사건을 피하려는 욕구에서 나온다. 아내가 화를 내는 데는 이유가 있다. 이유를 알려 하지 않았다. 화난 감정을 부정했다. 이유를 모른 척했다. 상황을 피하고 싶었다. 아내에게 많이 한 말이 있다.

"싸우기 싫어."

부정적인 말 하면 J차장이 떠오른다. 반어법의 달인이다. 공감이 안 되는 말을 많이 했다. 하루는 좋은 소식이 있다고 말한다. 뭐냐고 물으니 할 일이 많아 야근해야 한다고 대답한다. '뭐지? 공감이 안 되는 이 반어법은?'

야근의 '야'자만 들어도 기분이 좋지 않은데, 좋은 소식이라니. '너나 하세요'라는 말이 입안에서 맴돈다. 나도 반어법을 많이 썼다. 부정적인 말도 자주 했다. 술자리에서 단골로 등장하는 주제가 있다.

"앞으로 뭐하고 먹고살래?"

미래가 불안하니 저마다 한마디씩 하지만 답은 없다. 창업 이야기가 나온다. 걱정 많은 나는 성공할 수 없는 이유를 댄다. 열 가지, 백 가지 안 될 이유를 찾는다. 동료도 창업을 이야기한다. 생각해둔 아이템을 풀어놓는다. 같이하자는 말이다. 농반진반으로 제안한다. 허술한 점을 꼭 집어냈다. 안 될 이유만 찾았다. 아이디어를 보완해주지 않고 새싹을 잘랐다. 가능성을 보고 접근해야 하는데, 약점만 들췄다. 새로운 도전을 두려워했다. 두려움 때문에 피하고 싶었다.

J차장은 직속상관이다. 이상하게 싫었다. 이유가 없었다. 왠지 모를 거부감이 들었다. 외모는 봐줄 만하다. 약간 호감형이다. 마음 씀씀이도 넉넉하다. 봉사 활동도 한다. 키는 평균이다. 날마다 점심을 같이 먹고, 가끔 탁구도 친다. 직속상관이니 붙어 있는 시간이 많다. 두 살 차이다. 주변에서는 우리 둘이 친하다고 생각한다.

왜 싫어하는지, 왜 호감이 가지 않는지 이유를 찾고 싶었다. 관찰하기 시작했다. 행동, 말투, 사람 대하는 방식, 회의 시간에 보이는 모습, 회의 때 하는 말, 즐겨 하는 농담, 사귀는 사람을 지켜봤다. 객관적으로 보려고 노력했다. 며칠 동안 제 3자의 눈으로 지켜봤다.

뭔가 알 듯했다. 거부감이 드는 이유는 반어법이었다. J차장이 자주 쓰는 말투다. 자기만의 반어법을 유머로 안다. 혼자 말하고 혼자 웃는다. 회사가 이전했다. 퇴근하고 집에 가니 7시 40분이다. 퇴근하면 전화하는 사람이 아닌데 J차장이 전화를 걸어왔다. 좋은 소식이 있다며 말을 시작한다. 회장이 내일 아침 9시에 사무실에 들른다면서 개인 짐을 정리해야 하니 지금 회사로 나오라고 한다. 전화를 끊었다. 핸드폰을 주머니에 넣었다. 첫째가 아빠를 보고 팔을 벌린다. 안아달라는 말이다. '좋은 소식이라더니.'

J차장이 자주 쓰는 단어가 있다. 한마디를 할 때마다 '그런데'가 들어간다. 이런 말도 자주 한다.

"네 말은 알겠고, 내 말은……."

상대의 말을 다 들어주는 듯하지만 자기 할 말이 급하다.

"너는 조용히 해. 이제 내가 말할 차례야."

코 푸는 소리도 싫었다. 오후 4시면 화장실에 가 세수를 한다. 코 푸는 소리가 사무실까지 들린다. 어찌나 큰지 이어폰을 꽂고 있어도 들린다. 화장실 문을 닫아도 소용없다. 이 소리가 싫은지, J차장이 싫어서 이 소리도 싫게 들리는지는 모른다. 행동과 말투가 다 거슬렸다. 스트레스가 쌓여갔다. 거리를 두기 시작했다. J차장이 도시락을

싸오면서 점심에서는 해방됐다. 되도록 회의도 안 잡았다.

　J차장은 장점도 많다. 나는 장점을 보려 하지 않았다. 봉사 활동을 10년 넘게 한 사람이다. 고아원에 한 달에 30만 원씩 후원도 한다. 마음도 약해서 부하 직원에게 심하게 말한 뒤에는 미안해 안절부절못한다. 근사한 점심도 쏜다. 하는 꼬락서니야 눈엣가시 같지만 이면에는 따뜻함이 보인다. 비참할 정도로 인정하기 싫은 점이 하나 있다. J차장 같은 모습이 나한테도 보인다. 아내는 경청하라고 말한다. J차장처럼 아내가 하는 말을 끊고 내 말을 한다.

　"알았어. 알았어. 그러니까 내 말은……."

　좋지 않은 모습을 바꾸고 싶었다. J차장처럼 마음은 따뜻한데 잘하고도 욕먹는 나를 바꾸고 싶었다. 작은 일부터 시작했다. 반어법 쓰지 않기다. '그런데' 없이 말하기로 했다. 습관이 돼 쉽지가 않다.

　주말에 아내가 나를 찾는다.

　"빨래 좀 해줘! 설거지 좀 해줘! 반찬 좀 해줘!"

　그동안 이런 대답을 했다.

　"그런데, 지금 해야 해?"

　바꿨다.

　"뭐부터 할까?"

　"지금 청소하고 있으니까. 이거 다 하고 할게."

　"오늘은 좀 힘들다. 잠깐 쉬었다가 할게."

"코끼리는 생각하지 마."

단순하다. 지금부터 코끼리를 생각하지 않으면 된다. 이렇게 말하는 순간 이미 머릿속에 코끼리가 그려져 있다.

"코끼리를 생각하지 말라고 했는데, 왜 생각해?"

싸우기 좋다. 초두 효과다. 부부싸움 때 자주 하는 말이 있다.

"그게 아니고, 내 말은……."

"아니라니까! 나는……."

이미 코끼리를 내뱉은 뒤다. 아내 머릿속에 코끼리를 들여놓았다. 아무리 상황을 설명하고 항변해도 곱게 듣지 않는다. 내 말을 알아듣지 못해 두 번 세 번 말한다. 계속 코끼리만 이야기한다. 답답함을 넘어 원망이 생겼다. 아내가 알아듣지 못한 데는 이유가 있었다.

아이들에게 무심코 하는 말 중에 후회되는 물음이 있다.

"아빠가 좋아? 엄마가 좋아?"

선택을 강요하는 질문이다. 아이는 둘 다 좋은데 어쩔 수 없이 선택을 해야 한다. '좋다'라는 코끼리를 던진 셈이다. 누가 더 좋다는 말은 누가 더 싫다는 말하고 같다. 엄마와 아빠는 다를 뿐이다. 엄마의 사랑이 다르고, 아빠의 사랑이 다르다. 엄마가 놀아주는 방식이 다르고, 아빠가 놀아주는 방식이 다르다. 더 좋은 방식은 없다. 더 싫은 방식도 없다. 다를 뿐이다.

동료가 안 좋은 얼굴을 하고 있다. 걱정돼 물었다.

"무슨 안 좋은 일 있어요?"

정말 안 좋을 수도 있지만 아닐 수도 있다. 별일 없는데 이런 질문을 들으면 생각하게 된다.

'내 표정이 안 좋아 보이나? 안 좋은 일이라고? 좋지 않은 일이 있기는 한 듯한데……'

질문 하나가 아무 생각 없던 사람에게 좋지 않은 하루를 만들어 줄 수 있다. 내 질문이 어떤 코끼리를 던지고 있는지 생각해야 한다. 그동안 말하고 싶은 대로 말했다. 보이는 대로 떠들었다. 느끼는 대로 지껄였다. 어떤 영향을 줄지 생각하지 않고 말했다. 진심을 담으면 다 통한다고 생각했다. 진실은 늘 이긴다는 말을 믿었다. 꼭 그렇지는 않았다.

"엄마가 좋아? 아빠가 좋아?"

바꿨다.

"아빠가 뭘 해줄 때 좋아?"

아이들은 숨바꼭질이라고 대답한다.

"무슨 안 좋은 일 있어요?"

바꿨다.

"좋은 일 있어요?"

가이드 박신양

군대에서 휴가 나온 때였다. 부대에서 집까지 세 시간 거리다. 길면 길고 짧다면 짧다. 부대에서 시내로 나와 버스 타고 대전까지 간다. 집까지 가는 동안 스치는 사람은 못해도 몇 백 명은 된다. 가는 내내 군인들을 마주쳤다. 부대가 아니라 시내에 군인이 많이 보였다.

연애할 때다. 첫사랑하고 손을 잡고 거리를 걸었다. 손잡고 걷는 커플들이 많았다. 여기도 알콩달콩, 저기도 알콩달콩. 커피숍에는 바퀴벌레들이 있었다. 그 많던 군인들은 하나도 보이지 않고 커플들만 눈에 들어온다. 알콩달콩한 모습을 보기만 해도 흐뭇했다.

결혼하고 아이가 태어났다. 어디를 가든 늘 아이하고 함께 다녔다. 이번에는 아이들만 보인다. 엄마 손을 잡고 가는 아이. 아빠가 안고 가는 아이. 작은 가방을 메고 가는 아이. 유모차 타고 가는 아이. 그 많던 군인도 커플도 보이지 않는다. 귀여운 아이들만 보였다. '아빠 미소'로 아이들을 봤다.

점을 봤다. 사주를 풀어주는 집이었다. 미간에 제3의 눈을 떴다고 자기를 소개했다. 공부를 많이 한 덕이라고 자랑했다. 심안의 눈으로 상대의 모든 것을 볼 수 있다고 말했다. 조상 무덤을 잘못 썼다고 했다. 내가 잘 풀리지 않는 이유였다. 나도 제3의 눈을 떠야 된다고 일러준다. 자기가 도와줄 수 있다고 말한다. 1년이면 되니까 연습하라고 권한다.

사람을 관찰하라고 말한다. 걷는 모습을 잘 살피면 어떤 사람인지 알 수 있다고 한다. 그 사람의 성향이 보인다는 말이다. 사이비다. 10만 원이 아까웠다. 귀담아듣지 않았다. 잊고 살았다. 몇 달이 지난 뒤 호기심이 생겼다. '한번 해볼까? 안 보이면 말고.' 사이비가 한 말을 믿지는 않지만 손해 볼 것도 없다.

출퇴근길에 유심히 살펴봤다. 0.01나노초씩 사람들을 관찰했다. 걷는 모습이 제각각이다. 느리게 걷는 사람, 빠르게 걷는 사람, 터벅터벅 걷는 사람, 연인의 손을 잡고 걷는 사람, 캐리어를 끌고 다니는 사람, 스마트폰 보면서 걷는 사람, 통화하면서 걷는 사람, 영화 보며 걷는 사람, 섹시한 여자를 힐끔거리며 걷는 사람. 다양한 사람들이 보였다. 역술인이 한 말처럼 성향이 보이지는 않지만 공통점은 있었다. 하나같이 무표정하거나 힘든 얼굴이었다. 웃는 사람을 찾아볼 수 없었다. 다들 나하고 비슷하게 사는 듯했다.

'지금 저게 내 모습일까?'

태조 이성계와 무학대사가 누가 농담을 더 잘하는지 내기를 했다. 태조가 먼저 농을 걸었다.

"내가 보기에 대사는 돼지처럼 보입니다."

"제가 보기에 전하는 부처님처럼 보입니다."

"아니, 대사. 농하기로 해놓고 어인 말이요?"

"전하, 그 말은 제가 전하께 드리는 농입니다. 돼지 눈에는 돼지가 보이고, 부처 눈에는 부처님이 보이는 겁니다."

사람들의 힘든 표정, 지친 표정, 웃음이 없는 표정이 내 얼굴일지 모른다. 거울에는 보이지 않는 지금 내 모습일 수도 있다. 군인일 때 군인만 보이듯, 연애할 때 커플만 보이듯, 내 눈에 보이는 사람들이 지금 내 모습이다. 우울한 사람, 무기력한 사람, 힘든 사람, 멍때리는 사람, 하루하루를 그냥저냥 사는 사람, 쳇바퀴 돌듯 똑같은 일상을 사는 사람, 살았는지 죽었는지도 알 수 없는 좀비 같은 사람이다. 시간만 축내는 사람. 깜짝 놀랐다. 상담 결과지에 적힌 내 상태였다.

처음에는 10만 원이 무척 아까웠다. 지금은 나 자신을 볼 수 있는 거울을 건네준 역술인이 고맙다.

처갓집 식구들하고 필리핀을 갔다. 결혼 뒤 첫 해외여행이라 기대가 컸다. 워터파크에 온 느낌이었다. 리조트에서 일하는 사람이 영어로 말하는 점만 다를 뿐 관광객은 대부분 한국인이었다. 3박 4일 물에서만 놀았다. 금세 지겨워졌다. 기대가 커서 실망도 컸다.

마지막 날 호핑 투어가 지겨움을 달래줬다. 10시에 모인 사람은 20여 명. 한 가족당 가이드가 두 명 붙었다. 간단한 설명을 듣고 배까지 걸어갔다. 걸어가는 길에 밀짚모자 장수가 있었다. 다들 지나치는데 첫째가 자기 모자인 양 밀짚모자를 받아들고 앞으로 간다. 뒤따라가던 어른들이 얼른 돈을 건넸다. 맡겨둔 모자를 집어 드는 듯한 자연스런 행동에 웃음꽃이 핀다. 배를 타고 30분을 달려 도착한 곳은 사람들로 북적였다. 둘째를 베이비 시터에게 맡기고 물속으로 들어갔다. 수영을 배운 덕에 마음대로 돌아다녔다. 오리발까지 있으니 내 세상이다.

첫째는 처음이라 어려워했다. 내가 가르쳐서 물속에 데리고 들어가려 했다. 가이드는 아빠처럼 아이의 호흡에 맞춰 천천히 가르쳤다. 그 모습이 정말 인자해 보였다. 가이드를 믿고 짧은 자유를 맛봤다.

다른 가이드는 고등학생 같았다. 예명이 박신양이었다. 닮기는 닮았다. 가이드 박신양은 우리 부부를 따라다니며 열심히 사진을 찍었다. 잠수해서 찍고, 옆에서 찍고, 수영할 때 찍고, 숨을 헐떡이면서 찍는다. 사람들이 하나둘 물 밖으로 나가고 첫째도 생각보다 얼어 있어서 아쉬움을 뒤로한 채 체험을 끝냈다.

다시 배를 타고 어느 외딴 섬에 도착했다. 원두막이 여러 채 있었다. 점심을 먹을 곳이었다. 밥, 닭고기, 소시지, 닭꼬치, 망고까지 음식이 줄줄이 나왔다. 배불리 먹고 잠깐 쉬는데 비가 내렸다. 고목에 올라 사진을 찍었다. 어디를 찍어도 바다가 배경이다.

비가 계속 온다. 다른 포인트로 한참을 간다. 다크서클이 내려와 있다. 옆 사람도 앞 사람도 눈이 흐리멍덩하다. 춥고 졸린다. 도란도란 이야기하던 사람들이 조용해졌다. 이번에는 깊이 50미터다. 바닥이 보였다. 눈으로는 20미터 정도만 보인다. 바닥이 보이면 무섭지 않은데 한쪽은 깜깜하다. 물고기들만 눈에 띈다.

나서는 사람이 없다. 나만 신났다. 싱글벙글 풍덩 빠졌다. 하나둘씩 따라 들어왔다. 처음 들어간 곳에는 비교할 수 없을 정도로 물고

기가 많고 컸다. 하늘 위에서 내려다보는 듯했다. 가이드는 구명조끼 없이 수영하면서 안내를 하고 사진도 찍어준다. 잠수해서 찍자고 한다. 구명조끼 때문에 잠수가 어려워 벗으려 했다.

"노, 노, 노, 노."

자기가 도와줄 테니 조끼는 벗지 말라고 한다. 어떻게 도와줄지 궁금했다. 그때 어깨를 강하게 누르는 힘이 느껴진다. 잠수 성공이었다. 나만 신났다. 가족들은 힘들다며 모두 배에 있었다. 따라 들어오던 몇몇은 오리처럼 물위에 동동 떠 있다. 이리 갔다가 저리 갔다가 한참을 즐겼다. 계속 수영을 하는 가이드가 숨차 보인다. 헉헉거리는 가이드를 보니 안쓰럽다. 그쯤 하고 배에 올랐다. 사람들도 하나둘씩 나온다. 추워서 큰 타월로 몸을 감쌌다. 배가 다시 움직였다. 출발한 곳으로 되돌아가려면 한참 걸릴 듯했다. 지루해지려고 할 때 라면이 나왔다. 배에서 먹는 라면은 끝내줬다. 지치고 힘들어서 그런지 더 맛있었다.

지겨울 뻔한 필리핀 여행은 호핑 덕에 좋은 추억이 됐다. 가이드들이 기억에 남았다. 유쾌, 상쾌, 통쾌한 이들이었다. 관광객들은 고된 노동을 마치고 돌아오는 축 처진 모습이었고, 가이드들은 싱글벙글했다. 돈은 우리가 쓰고 즐거움은 가이드들 차지였다.

가이드들의 즐거움은 어디서 나오는 걸까. 내가 일하는 모습을 생각해봤다. 일할 때 기쁜 적이 있었나? 즐거운 적이 있었나? 고생스럽다는 생각만 했다. 부정적인 생각이 많았다. 뭘 해도 즐겁지 않았다. 참으면서 살았다. 그래야 편안했다. 참은 만큼 보상 심리가 생겼다. 어떤 보상도 없는 시간에 지쳐갔다.

가이드들도 힘들고 지쳐 보였다. 숨을 헐떡이며 일했다. 가이드 박신양은 누구보다 열심히 사진을 찍었다. 우리를 찍어주려고 몇 번이고 깊게 잠수했다. 물 밖으로 나오면 쑥스럽게 웃는다. 체험을 끝내고 돌아오는 길에서 노래를 흥얼거린다. '베리 굿'이라고 하니 가수가 꿈이라면서 노래를 한 소절 부른다. 물개 박수를 쳤다. 힘든 일상에서도 내내 웃음이 끊이지 않는 에너지는 어디서 나오는 걸까?

이듬해에는 오키나와에 갔다. 첫 가족 여행이었다. 제한 속도 시속 50킬로미터가 답답하지 않았다. 느릿느릿 여유로웠다. 좌측통행을 하려니 초보 운전 때로 돌아간 느낌이었다. 초보가 맞다. 초보처럼 천천히 운전했다. 차선을 왔다갔다했다. 때로는 위험하기도 했는데 아무도 경적을 울리지 않았다. 기다림의 여유를 보여줬다.

가이드들이 지닌 에너지의 근원은 여유일까? 요즘도 가끔 지하철에서 지나치는 사람들을 관찰한다. 여전히 무표정한 얼굴이 대부분이다. 퇴근길에도 힘든 표정이 많다. 어느 날 저녁 약속이 있었다. 강남역에 내려 인파를 뚫고 약속 장소로 가고 있었다. 스쳐지나가는 사람을 본다. 친구들하고 같이 가는 사람, 연인의 손을 잡고 가는 사람, 나처럼 약속 장소로 향하는 사람. 모두 얼굴에 웃음이 가득했다.

○○답게

화가 날 때면 가만히 자기를 돌아보라고 법륜 스님은 말한다. 화가 난다는 사실을 알아차려야 화를 다스릴 수 있다. 나는 그렇지 못했다. 화내는 나를 가만히 들여다봤다. 내가 하는 말을 듣지 않는 아내에게 화를 내고 있었다.

아내는 화가 나면 마구 쏟아낸다. 비난, 비판, 방어, 비아냥거림. 4종 세트다. 1절로 끝나면 다행이지만 그럴 사람이 아니다. 〈애국가〉처럼 기본 4절이다. 아내가 4종 세트만 안 하면 나도 화나지 않을 듯했다. 언제 화나는지 알아차렸다. 화는 다스려지지 않는다. 참는 일 빼고는 할 수 있는 게 없다. 속으로 화를 참아내고 있다. '화가 나는구나. 그래 내가 이래서 화를 내고 있구나. 그런데 계속 화가 난다.' 그러다 욱한다. '그래, 내가 여자다, 여자. 여자라서 이러고 있다.'

나도 비아냥거리기 시작한다. 똑같은 4종 세트를 돌려준다. 지렁이가 꿈틀했다. 1절이 추가됐다. 다시 꿈틀하면 쫓겨난다. 6절까지 다 듣고 나가야 한다. 꾹꾹 참고서 미안하다고 한다. 마음에도 없는 미안하다는 말로 마무리해야 한다. 아내 눈에는 다 보인다. 진심인지 대충 넘어가려는 건지. 미안하다고 말해도 통하지 않는다. 계속 미안하다고 해야 한다. 제풀에 지칠 때까지 미안하다고 하면 된다.

다음날 화가 가라앉은 뒤에 생각해봤다. 진짜 화가 난 이유가 뭘까. 무엇이 그토록 화를 불러올까. 아내에게 물으면 자기는 늘 똑같다고 말한다.

"나는 늘 똑같아. 니가 받아주고 안 받아주고야. 나는 늘 지랄해."

맞다. 아내는 늘 지랄한다. 못 받아주면 싸움이 된다. 지랄의 강도가 아니라 내 상태가 다르다. 아내가 쏟아낸 말들을 떠올려본다.

"너 때문이잖아. 맨날 들어준다고 해놓고 하나도 안 들어주잖아. 화날 때 먼저 미안하다고 해봤어? 가장이 됐으면 가정의 울타리를 만들어야지. 나만 나쁜 년 만들고. 그렇다고 말을 잘 들어주기를 하나, 맨날 건성건성 하잖아. 내가 몇 번이나 얘기해. 당신도 천 번은 들었잖아. 도대체 왜 물어보는 거야? 바뀌지도 않으면서."

상담사가 한 말도 생각난다.

"아내 분도, 내담자 분도 표현을 못하는 사람들이라 그래요."

아내의 가슴속에는 울분이 있다. 지랄은 울분의 다른 모습이다. 무심코 한 행동들도 반성했다. 나는 설거지하는 중이다. 아내는 그날 하루 일을 전한다. 아줌마들 얘기다. 들어도 그만 안 들어도 그만이다. 한마디로 나랑 상관없는 얘기다. 빨리 설거지를 끝내고 싶어 듣는 둥 마는 둥 했다. 집안 정리를 할 때도 마찬가지다. 청소하느라 바쁜데 아내가 아이들 이야기를 한다. 빨리 정리한 뒤 쉬고 싶은 마음에 제대로 듣지 않는다. 화의 이면에는 무관심과 외로움이 있었다. 그런 사정을 모르고, 화나는 사람에게 화로 맞섰다.

'달의 뒷면을 보는 눈을 키워라.' 책에서 읽은 말이다. 이렇게 말하고 싶다. '당해봐라. 그게 보이나.' 싸울 때는 정말이지 보이지 않는다. 아내가 하는 말이 전부인 듯하다. 화의 근원이 뭔지 알면서도 안 된다. 현실하고 차이가 너무 크다. 몇 번 대화가 오가면 화가 더 커진다. 이면을 보라고 해서 심호흡을 한 뒤 묻는다.

"오늘 안 좋은 일 있었어?"

"있기는 뭐가 있어. 너 때문에 그런 거 아냐!"

분리수거 날이었다. 화장실 쓰레기도 버리겠다고 했는데, 분리수거만 했다. 아내는 왜 안 버렸냐고 묻는다.

"지금 버리면 되지."

"한다고 했으면 해야지, 왜 안 해. 안 했으면 말을 해야 할 거 아냐. 대화가 없어 대화가."

"지금 버린다고!"

아차차, 이게 아닌데……. 기분 상한 아내는 4종 세트를 장착한다. 쏜다. 마구마구 쏘아댄다. 이놈의 귀는 뚫려 있어도 다 맞는다. 아프다. 기분이 상한다. 미안한 마음이 생기려다가 사라진다. 4종 세트에 맞아 죽는 꼴이다. 아내를 달래줘야 하는데, 머리는 그렇게 생각하는데, 마음은 다르다.

'너도 당해봐.'

모르면 물어보라고 했다. 생각의 깊이가 얕은 탓인지 궁금하지 않았다. 하는 말이 전부인 듯했다. 사기꾼에게 당하기 쉬운 사람이다. 꾸며낸 말도 믿는 사람이다. 왜 그런지 궁금하지 않았다. 더 정확히 말하면 모르고 있다는 것을 모르는 상태다. 질문도 알아야 할 수 있다. 물어보라고 해서 억지로 해봤다.

"왜?"

화난 사람에게 해서는 안 되는 질문이다. 공격적으로 들린다. 좋은 대답을 들을 수 없다. 불난 데 부채질하는 꼴이다. 아내는 나를 보면 '각자 알아서 하자'는 이미지가 떠오른다고 한다.

"너는 너, 나는 나! 니 화는 니가 풀어."

마음속에 있는 말이기도 하다. 화가 나면 누가 어떻게 해줄 수 없다. 아무리 알랑방귀를 뀌어도, 우스갯소리를 해도 통하지 않는다. 자기 화는 자기만 풀 수 있기 때문이다. 내가 봐도 정나미 떨어진다.

화난 감정을 파악하려 하지 않았다. 오히려 귀찮아했다. 아내도 처음에는 속내를 얘기했다. 너무 오래된 일이라 가물가물하기는 하지만, 하기는 했다. 어떻게 반응했는지 기억에 없다. 잘 들어주지 않았겠다. 꼰대처럼 내 말만 했겠다. 그러니 더 말하고 싶지 않았겠다. 속내를 털어놓을 필요가 없었겠다. 아내는 화를 내면 시원하다고 한다. 공감해주지 않아도, 말을 들어주지 않아도, 일단 시원하니까 화를 낸다고 한다.

나만의 개똥철학. 사람다움이다. 어른은 어른답게, 부모는 부모답게, 아빠는 아빠답게, 엄마는 엄마답게, 학생은 학생답게 주어진 자리에서 최선 다하기. 나만의 규칙이고, 규범이고, 예의였다.

'○○답게' 살기가 참 어렵다. 그래도 해야 된다고 믿었다. 사람답게 살려면 그래야 한다고 생각했다. 문제를 하나 발견했다. 자기에게는 관대한 잣대를 대고 상대에게는 엄격한 잣대를 대고 있었다.

아내하고 관계가 나빠지는 데 이 '사람답게'가 한몫했다. 아내는 며느리답지 않다. 시부모에게 말대꾸하고 시누이에게 핏대를 세운다. 친정 부모에게도 자식답지 않게 함부로 한다. 눈에 거슬렸다. 약속을 잡고는 기분이 좋지 않다며 쉽게 깨버린다. 그러고는 조금 뒤에 약속을 다시 잡는다. 아이는 모유를 먹고 싶어하는데 자기가 힘들다며 분유를 먹인다. 모성애가 없는 사람처럼 보였다.

작은 불만이 모이고 쌓였다. 불신이 자랐다. 내가 회사에서 일하는 동안 엄마 노릇에 소홀하지 않을까 걱정했다. 아침밥은 제대로 먹이는지, 잘 놀아주는지, 숙제는 봐주는지 의심했다. 아이들은 불만이 없으니 잘하고 있는 셈인데도 말이다. 질문이 하나 떠올랐다.

'엄마다운 게 뭔데? 어른다운 게 뭔데?'

말문이 막혔다. 통념이 만든 이미지일 뿐이었다. 포용력 있는 어른이면 좋겠지만 그렇지 않다고 어른이 아닐 수는 없다. 포용력 없이도 어른 구실을 할 수 있다. 설명도 납득도 되지 않았다.

'○○답게'를 정의할 수 없었다. '○○답게'에 갇혀 있으면 그 사람의 이면을 볼 수 없다. 모유 대신 분유를 먹이는 엄마의 마음을 알지 못한다. 며느리가 목청을 높인 이유는 억울하기 때문이다. 무엇을 위해서 나만의 규칙, 규범, 예의, 철학을 그토록 고집했을까.

어른답던 사람이 딱 한 번 어린애 같은 모습을 보이면 바로 관계를 끊었다. 성숙하지 않은 사람이라고 판단했다. 직접 물어봐야 했다. 어린애 같은 모습은 이유가 있다. 이면이 존재한다. 무슨 일이 있는지, 어떤 상태인지 물어야 한다.

아버지는 할머니 앞에서 어린애처럼 애교를 부렸다. 고양이가 주인에게 몸을 비비듯 할머니 앞에서 네발로 기어다녔다. 어릴 적 아버지는 슈퍼맨이었다. 슈퍼맨이 고양이가 됐다. 처음 보는 모습이었다. 아버지는 아픈 할머니 앞에서 어린애가 됐다.

꽃은 예쁘다. 보는 사람을 웃음 짓게 한다. 꽃이 예쁜 걸까, 보는 사람이 예쁘게 보는 걸까? 꽃은 꽃이다. 꽃은 사람에게 예쁘게 보이려고 피지 않는다. 보는 사람이 예쁘게 볼 뿐이다. 예쁘다는 말을 하려면 비교 대상이 필요하다. 예쁘지 않은 무엇이 있어야 한다. 흔하디흔한 풀잎 사이에서 꽃은 예뻐 보인다.

삶의 의미를 행복에서 찾기로 정했다. 불행이 없다면 행복을 찾으려 했을까? '크다'와 '작다', '맵다'와 '싱겁다', '길다'와 '짧다', '좋다'와 '싫다'가 다 상대적이다. 비교 대상에 따라 달라진다. 나는 아이들보다 힘이 세지만 천하장사보다 약하다. 기준을 어디에 두느냐에 따라 결과가 달라진다. 비교를 하면 문제의 본질을 제대로 보지 못한다. 내 기준으로 볼 때가 많다. 길을 걷다가 지나쳐 가는 사람을 보고 생각한다. '걸음이 빠르네.' 그 사람은 그냥 걷고 있을 뿐이다. 나를 기준으로 비교하기 때문에 빠르다고 생각하게 된다.

성공 신화를 다룬 여러 책에서 하는 말하고 똑같다. 성공한 사람은 성공했다고 생각하지 않는다. 하던 일을 계속 하고 있는데 주변에서 성공이라고 부른다고 한다. 내 기준, 내 시선, 내가 만든 규칙에 가려 다른 것을 보지 않고 있었다. 본질을 알지 못했다.

아내가 내는 화의 본질은 부모다. 아내는 자라면서 부족한 것 없이 하고 싶은 대로 하면서 살았다. 사랑을 많이 받았다고 생각했다. 어린 시절을 들여다보면 문제가 드러난다. 공감받은 흔적이 없다. 학생으로서, 딸로서, 아내로서 늘 잔소리를 들었다. 주어진 구실에 충실하지 않는 모습을 보이면 심하게 야단을 맞았다. 나도 아내가 어떤 마음인지 알려 하지 않았다. 규범이나 예의만 들먹였다. 'OO 답게'를 입에 달고 살았다. 자기 마음을 알아주지 않는 남편은 남의 편이었다.

이제 무엇을 해야 할까?

유언장

물 흐르듯 세월 따라 살아왔다. 큰 의미 없이 지내왔다. 학창 시절을 보내고, 취직하고, 결혼하고, 아이 낳고, 평범하게 나이들었다. 40년을 평범하게 살다가 문득 고개를 들었다. 시작은 질문이었다.

'내가 좋아하는 것은 뭐지?'

다르게 살고 싶어졌다. 남들 흉내내며 살고 싶지 않았다. 지금껏 살아온 삶에 내가 없었다. 학교도, 취직도, 결혼도, 남들이 하니 나도 했다. 학교 대신 검정고시가 있다. 취직말고 창업도 있다. 꼭 결혼해야 하는 것도 아니다. 남들이 만들어놓은 세상이 정답은 아니다. 다른 답도 있다. 다른 길도 보인다.

안타깝게도 찾으려 하지 않았다. 내가 뭘 원하는지도 모르기 때문에 찾을 필요도 없었다. 남들처럼 사는 삶이, 평범한 일상이 잘못된 선택은 아니다. 사는 데 정답은 없다. 지금 사는 모습에 만족하면 그렇게 살면 된다. 남들처럼 바쁘게 살아도 된다. 취미 생활을 즐기며 살아도 된다. 부부 사이가 서먹해도 살면 살아진다. 외로워도 살면 살아진다. 되는대로 살아도 살아가는 일은 똑같다. 죽는 일이 똑같기 때문이다.

총각 때부터 들던 보험을 해지했다. 보험료를 차곡차곡 모으는 쪽이 더 나았다. 실비 보험만 남겼다. 한 살 더 먹으니 불안해졌다. 건강 검진 결과는 점점 나빠진다. 체중이 심하게 늘어 비만이 코앞이다. 혈압도 높다. 갑상선에 이상 증상이 나타났다. 역류성 식도염, 콜레스테롤 증가까지 더해졌다. 건강에 노랑불이 켜졌다. 운동을 하고 음식을 조절하라고 한다. 나는 가장이다.

아내는 보험을 다시 들자고 했다. 사무직이라 덜 위험하지만 상태를 보니 어느 날 갑자기 죽을지도 모른다고 걱정했다. 남은 가족을 위해 생활비에 지장을 주지 않을 정도에서 들자고 했다. 종신 보험을 알아봤다. 몇 곳에 전화해 견적을 받고 그중 한 회사를 골라 보험에 들었다. 설계사가 회사까지 찾아와 보험 상품을 한 번 더 설명했다. 가입하고 며칠 뒤에는 보험 증서를 들고 왔다.

"저희는 피보험인이 사망하면 가족에게 유언장을 전달하는 서비스를 하고 있습니다. 혹시 그런 일이 생기면 가족에게 전달하겠습니다. 여기다 유언장을 준비해주세요. 다음주에 받으러 오겠습니다."

커피숍에서 들은 이야기는 대수롭지 않았다. 형식적인 말이었고 형식적으로 들었다. 빳빳한 종이 두 장을 들고 자리에 앉았다. 바로 쓰려다가 멈췄다. 생각을 정리하고 타이핑한 다음 종이에 옮겨 적었다. 찍찍 줄이 그어진 유언장은 볼품없지 않은가.

아이들에게 유언장을 썼다. 7살, 5살이었다. 아빠 없이 엄마하고 지낼 아이들을 생각하니 눈물이 멈추지 않는다. 한 글자도 쓰지 못했다. 탕비실로 가 믹스커피를 탔다. 창밖을 보며 심호흡을 했다. 천천히 커피를 마시고 자리에 앉았다. 종이를 서랍에 넣었다. 다들 퇴근한 뒤 다시 유언장을 쓰기 시작했다. 눈물이 또 난다.

앞으로 세상을 어떻게 살아가야 할지를 썼다. 아빠가 건네는 삶의 지침서였다. 자기 마음을 튼튼하게 하는 법, 피해야 할 사람과 가까이 해야 할 사람을 알아보는 법, 자기가 하고 싶은 일을 찾아야 할 이유를 썼다. 아이들이 알아들을 수 있는 쉬운 말을 골랐다.

유언장에 쓴 말은 내 삶하고 달랐다. 나는 그렇게 살지 않았다. 피해야 할 사람을 가까이 뒀다. 사기를 당했다. 그러고도 자기를 소중하게 여기지 않았다. 무엇보다 하고 싶은 일이 없었다. 분했다. 40년 동안 뭘 하고 살았는지 한심했다. 지난 시간이 아깝고 후회됐다.

아내에게도 유언장을 썼다. 아이를 잘 부탁하고, 강하게 보이지만 약한 사람이니 사기를 조심하라고 부탁했다. 다른 사람을 만나려면 나 같은 사람만은 선택하지 말라고 했다. 눈물은 나지 않았다.

유언장을 다 쓰고 나니 한 가지 질문이 맴돌았다.

'어떻게 살 것인가?'

답이 쉽게 나오지 않았다. 몇 날 며칠을 고민해도 마찬가지였다. 살다보면 살아진다. 외롭고 우울해도 살아진다. 어떻게든 살아진다. 그렇지만 이왕 살 인생, 기분 좋은 일이 더 많으면 좋겠다. 가이드 박신양처럼 즐겁게 살면 좋겠다. 더 행복하면 좋다. 질문을 바꿨다.

'행복해지려면 뭘 해야 하지?'

좋아하는 일을 하면 행복해지겠지. 총각 때 배운 수영? 마라톤? 좋아하지만 삶의 의미가 없다. 게임? 끊을 수 없는 취미이기는 한데

하고 나면 남는 게 없다. 허탈하다. 아이들에게 남길 유산이 행복인데, 전해줄 행복이 없었다. 질문을 바꿨다.

'나는 언제 웃지?'

웃음이 없어진 지 오래됐다. 하루 종일 말 한마디 안 할 때도 있다. 어느새 미간에 주름이 생겼다. 인상 쓰면 생기는 주름이다. 잘 웃는 사람이었는데, 지금 거울에 비친 내 모습은 뚱하다. 멍해 보인다. 지쳐 보이기도 한다. 거울을 보고 싶지 않다. 얼굴에 드러난 현실을 외면하고 싶다. 우울하고, 불안하고, 슬프고, 힘든 상태는 하나로 모인다. 의욕이다. 의욕이 없어서 나온 증상들이다.

뭐라도 해야 했다. 가장 쉽게 할 수 있는 일부터 시작했다. 책을 읽기로 했다. 분야를 정하지는 않았다. 가야 할 방향을 모르기 때문이다. 책은 바다 한가운데 표류하고 있는 나한테 노하고 같은 존재다. 일단 젓고 봤다.

늘 읽고 싶었지만 시간이 없었다. 일 년에 한 권 정도 읽었다. 일 년 내내 같은 책 한 권이 가방에 들어 있었다. 언젠가는 읽어야지 했다. 시간이 부족했다. 게임할 시간도 모자란데 책이라니. 책은 그런 존재였다. 책에 길이 있다고 하니 읽다보면 뭔가 보이겠지 하면서 닥치는 대로 읽기 시작했다. 강연도 찾아다녔다. 뭔가 나오겠지.

어느새 일 년이 지났다. 열심히 노를 저었지만 여전히 표류 중이다. 일 년에 12권을 목표로 했다. 목표보다 많이 읽었다. 20권 정도 읽었다. 강연도 들었다. 아는 게 많아졌다. 당장이라도 바뀔 듯한데 아직도 표류 중이다. 여전히 아내하고 싸우고, 지금도 회사 분위기는 좋지 않다. 친구들도 멀어진 상태 그대로 있다.

보험 설계사가 전화를 걸었다. 일 년이 지나서 한번 들르겠다고 했다. 보험 상품을 다시 설명하고 선물을 하나 줬다. 아이스크림 교환 쿠폰이었다. 작은 배려가 고마웠다. 자리에 앉으니 까맣게 잊고 있던 유언장이 생각났다. 궁금해졌다. 일 년 전에 쓴 유언장은 잘 있을까? 어떤 내용이었더라?

파일을 찾았다. 천천히 읽었다. 또 눈물이 났다. 유치했다. 못난 내 모습이 적나라하다. 부끄러웠다. 아이들에게 하는 말인지 나한테 하는 말인지 모호했다. 종이면 구겨서 버렸을지 모르겠다. 다시 쓰기로 했다. 아이들을 생각하면서 썼다. 좀더 유연한 마음을 가질 수 있게, 마음을 다스릴 수 있게, 정성을 다해 다시 썼다. 좋은 사람 얘기는 빼고 아내에게 주는 유언장을 다시 썼다. 눈물이 멈추지 않았다.

다시 일 년이 지났다. 설계사가 또 찾아왔고, 작은 선물을 주고 돌아갔다. 유언장을 다시 봤다. 유치하다. 고쳐 썼는데도 유치하다. 아내에게 쓴 유언장도 차마 못 읽겠다.

'애증하는 부인이라니. 안되겠다. 다시 쓰자.'

이번에는 제대로 쓸 수 없었다. 한두 마디로 끝났다. 더 쓸 말이 없었다. 하고 싶은 말도, 남길 조언도 떠오르지 않았다.

'나 먼저 가오.

그동안 고마웠소.

미운 정도 정이라지. 님이 된 적 없는 남! 먼저 가오.

눈물을 보이고 싶으면 보이시오.

웃고 싶으면 웃으시오.

그렇게, 그렇게 잘 사시오.

무슨 말이 필요하겠소.

행복하시오.'

아내에게 쓴 유언장이다. 쓰면서 눈물 찔끔했다. 내년에 보면 또 유치할 수 있다.

죽음에 관한 책, 상실을 다룬 책을 읽었다. 삶의 마지막인 죽음이란 무엇이고, 남아 있는 사람에게 죽음은 어떤 의미를 지니는지 알고 싶었다. 살아가야 하는 사람과 죽음을 기다리는 사람의 심정은 어떤지 궁금했다. 또 질문이 생겼다.

'어떻게 죽을 것인가?'

총각 때 농담으로 70세가 되면 바로 죽고 싶다고 했다. 건강하지 않은 몸으로 약에 의지하며 살고 싶지 않기 때문이다. 어떻게 살든 일흔 살이 되면 아름답게 죽고 싶다. 죽음은 먼 이야기다. 당장 생각하지 않아도 된다. 먼 이야기이니 무시하며 살아도 된다. 남겨질 아이들을 생각하면 눈시울이 뜨겁다. 상상만 해도 금방 쏟아진다. 아이들은 무엇을 원할까? 내가 뭘 해줄 수 있을까? 아빠 없는 세상은 어떨까? 그렇게 되면 나는 무엇을 준비해야 할까? 무엇을 남기면 도움이 될까?

눈물

야근하는 날이었다. P과장과 P대리가 재미있는 동영상을 보고 있었다. 웃음소리가 계속 들렸다. 잠깐 쉴 겸 같이 보자고 했다. 뭐가 그렇게 재미있냐고 물었다. P대리가 웃으면서 동영상을 보여줬다.

친구끼리 도가 넘는 장난을 친다. 꽤 친한 친구 같다. 자고 있는 친구에게 오줌 발사하기, 화장실 문 열고 물 뿌리기, 주유소에서 뒷좌석 친구에게 기름 뿌리기, 샤워하는 친구의 옷 가지고 나오기, 자는 친구에게 전기 충격기 사용하기. 보복에 보복을 하는 동영상이었다.

P과장과 P대리는 다시 보면서도 웃는다. 또 봐도 재미있나 보다. 나는 하나도 웃기지 않았다. 웃음이 안 나왔다. 웃고 있는 P과장과 P대리가 이상하게 보였다. 당하는 친구가 눈에 들어왔다. 얼굴에 놀라움, 괴로움, 분노가 있었다. 황당하고 어리둥절한 채였다. 고통받고 있었다. 장난친 친구는 웃고 있다. 고통받는 친구를 보고 웃는 모습이 잔인하다. 어디서 웃어야 할지 몰라 끝까지 안 보고 자리에 돌아왔다. 내가 이상한 걸까?

K대리가 웃긴 동영상을 보여준다. '한국에서 실탄 사용이 가능한지'를 이야기하던 중이다. 폐회로 텔레비전 영상에 난동 부리는 사람이 보였다. 각목을 마구 휘두르고 있었다. 주위 사람들이 다칠지도

모른다. 금방이라도 사고가 터질 상황이다. 조심스럽게 다가간 경찰이 실탄을 쏜다. 총알은 난동자의 한쪽 다리를 관통한다. K대리는 까불다가 당했다며 히죽히죽 웃는다.

'너는 아파서 쓰러진 저 모습이 보이지 않냐? 저 사람의 억울함이 보이지 않냐? 얼마나 억울하면 각목을 들고 난동을 부리겠냐! 그러다 총에 맞아 쓰려졌어. 억울함을 아무한테도 말하지 못했어. 아무도 들어주지 않았어. 그 사람이 진짜 보이지 않는 거니?'

재미있다고 보여준 장면은 지나칠 정도로 슬펐다. 어디서 웃어야 하지? 정말 나는 유머 세포가 없는 걸까? K대리는 짧은 동영상을 하나 더 보여준다. 미니 셔틀버스 뒷좌석에 앉은 사람이 창문으로 고개를 내밀고 있다. 차 밖에서 누가 사진을 찍는 듯하다. 한쪽을 바라보며 웃는다. 어떤 사람이 버스에 타려고 슬라이딩 도어를 열었다. 창문으로 고개를 내민 사람이 열리는 문에 맞는다.

"아! 휴!"

자동으로 탄식이 나왔다. 진짜 아파 보였다. 보고 있는 내가 아플 정도다. K대리는 사진 찍으려다 당했다며 웃는다.

며칠 뒤 K대리가 또 다른 동영상을 보여줬다. 축구 경기 도중 골키퍼가 머리를 다쳐 교체됐다. 교체된 골키퍼도 머리를 다치자 감독은 수비수를 골키퍼로 세웠다. 골키퍼 후보 선수는 한 명뿐이다. K대리는 둘 다 골이 터지는 바람에 수비수가 골키퍼가 됐다며 웃는다. 어디서 웃어야 하지? 수비수가 골키퍼가 된 상황? 똑같은 부상을 당한 교체 골키퍼? 어쩔 수 없이 수비수를 골키퍼로 세운 감독?

내가 유머 세포가 없는 걸까? 다른 사람이 당하는 모습을 보고 사람들은 웃는다. 남의 고통에 즐거워한다. 나는 유머 세포가 없는 걸까?

살아온 나날을 적었다. 기억나는 대로 마구 쓴 글을 처음부터 읽었다. 눈시울이 붉어진다. 눈물이 볼을 타고 흘러내린다. 뜨겁다. 불줄기 같다. 이유를 모르겠다. 그냥 나왔다.

〈빗물〉이라는 노래를 들었다. 영화 삽입곡이다. 참 잘 부른다는 말이 절로 나온다. 원곡이 궁금했다. 인터넷으로 들은 원곡은 다른 맛이 났다. 〈빗물〉은 그렇게 지나가는 노래였다. 스쳐 지나가는 유행가였다. 몇 년 지나 〈빗물〉을 우연히 다시 들었다. 듣고 또 들었다. 질리도록 들었다. 들을 때마다 눈물이 난다. 가사 때문일까?

'조용히 비가 내리네/ 추억을 말해주듯이.'

비에 관한 추억이 없다. 그래도 눈물이 난다. 이유를 모른다. 다시 들어도 똑같다. 나이가 들어 그런가? 눈물샘 근육이 약해졌나? 아무것도 아닌 일에 눈물을 뚝뚝 흘리는 주책바가지 아재 같다.

〈트롤〉이라는 애니메이션을 봤다. 작고 귀여운 트롤은 늘 즐겁고 행복하다. 안아주고, 노래하고, 언제나 즐거워한다. 위기의 순간에도 즐거워한다. 빛을 잃은 트롤인 브랜치는 늘 걱정만 한다. 비꼬는 말이 일등이다. 트롤을 먹어야 행복해지는 버기들에게 모든 트롤이 잡힌다. 커다란 솥단지 속에서 먹힐 일만 기다린다. 자기 탓이라며 한탄하는 퍼피 공주를 시작으로 트롤들은 서서히 빛을 잃어간다. 모든 트롤이 빛을 잃은 순간 이미 오래전에 회색빛이 된 브랜치가 노래한다. 트롤들은 다시 빛을 찾는다. 나만 울고 있었다. 옆에 앉은 아이들은 아무렇지도 않다. 내 감정 시스템에 버그가 생긴 모양이다.

퇴근하고 집에 오니 아이들이 예전에 같이 본 〈트롤〉을 보고 있었다. 가방 내려놓고, 옷 갈아입고, 씻고, 저녁을 먹었다. 밥을 먹으면서 텔레비전을 같이 봤다. 눈물이 나온 바로 그 장면이다. 솥단지 속에서 브랜치가 노래한다.

'어! 이거 뭐지?'

같은 장면에서 또 눈물이 나왔다. 밥 먹으면서 눈물을 흘린다. 눈물 젖은 밥을 먹어본 적 있는가?

회식으로 영화 〈택시 운전사〉를 봤다. 주인집 아들 때문에 다친 딸아이의 머리를 묶어주는 송강호를 보다가 숨소리가 거칠어졌다. 참으려 해도 참을 수 없다. 안경을 살짝 올리고 눈곱을 떼는 양 눈물을 닦았다. 광주를 뒤로하고 서울로 향하던 송강호가 눈물을 흘린다. 점점 많이 흐른다. 핸들을 돌려 다시 광주로 들어간다. 죽을 수도 있다. 딸한테는 미안하지만 죽어가는 광주 사람들을 외면할 수 없는 송강호. 창피할 정도로 눈물이 멈추지 않았다. '왜 저렇게 연기를 잘하는 거야! 젠장.' 긴 호흡과 훌쩍거림이 계속됐다.

나는 잘 우는 사람이 아니다. 엄마는 나를 매정한 놈이라고 한다. 눈물이 없는 사람이다. 그런 내가 눈물을 흘리고 있다. 눈물이 날 때 주변을 보면 우는 사람이 아무도 없다. 나만 눈물을 보인다. 이상한 사람이 된 느낌이다. 나하고는 상관없는 노래다. 어떤 추억도 없다. 그런 노래들 때문에 눈물이 난다.

시골에 혼자 내려가는 길. 늘 뒤에서 아이들 소리가 들리는데, 혼자 내려가니 너무 조용하다. 라디오가 잡히지 않는다. 핸드폰으로 노래를 찾는다. 〈빗물〉. 또 눈물이 난다. 다른 노래를 듣는다. 또 눈물이 난다.

유명 강사 중에 가끔 울음에 관해 얘기하는 사람이 있다. 거의 통곡처럼 몇 시간씩 주체할 수 없는 눈물을 흘렸다. 빡빡하게 산 사람들이었다. 화장실 갈 시간도 없었다. 왜 이렇게 살까 회의하면서도 일상은 계속됐다. 그러다 아무도 없는 공간과 시간에 이유 없는 눈물이 터졌다. 아이처럼 엉엉 울었다. 다 울고 나서 다시 일상을 시작했다. 그 뒤 일이 잘 풀리고 빡빡한 일정에도 여유가 생겼다. 마음의 여유를 찾았다. 행복하다는 말도 하게 됐다.

나도 그런 눈물을 흘린 걸까? 행복이 저만치에서 기다리는 걸까? 눈물이 많아지기 전과 후를 비교했다. 슬픔을 더 느낀다. 아내하고는 여전히 싸우고 있다. 거지같은 회사도 똑같다. 감정 시스템에 버그가 생긴 모양이다. 그냥 눈물이 흐른다.

상담 때였다. 이유 없이 흐르는 눈물에 관해 물었다.

"이유 없이 눈물이 나요. 처음에는 노래 때문에 눈물이 터졌고, 다음에는 애니메이션 보다가 울었어요. 애들이랑 영화를 같이 보러 갔어요. 조금 슬픈 장면이 나왔는데, 저만 울고 있었어요. 아이들은 멀쩡하고요. 예전 같으면 눈물 한 방울도 흘리지 않았을 거예요. 왜 자꾸 눈물이 나는 걸까요?"

"왜 눈물이 나는 것 같아요?"

노래와 영화의 한 장면을 떠올려봤다.

"음, 외로움과 슬픔이 저랑 비슷해요."

우울증과 외로움이 고조된 때였다. 눈물이 나온 장면과 가사에는 외로움과 슬픔이 서려 있다. 그리워한다. 따뜻함을 바란다. 나하고 비슷했다. 상담 가서 질문을 많이 했다. 상담사는 어떤 답도 내지 않는다. 질문을 받으면 되묻는다. 다시 물어보고 생각하게 해준다. 직접적으로 말하지 않는데, 이번에는 자기 생각을 말한다.

"감정의 폭이 넓어진 것 같습니다."

5부

남자의 버릇,
사람의 습관

사고 싶은 것은 무엇이든 살 수 있는
상점이 있다.
가격은 사는 사람이 정할 수 있다.
대신 물건을 팔지 않는다.
습관을 판다. 행동을 판다.
화폐 단위는 시간이다.

2019.1.31
상점.

나를 찾아가는 과정이다. 어디로 가야 찾을 수 있는지 모르지만 도전하고 있다. 아이를 키울 때 무엇이 답인지 모를 때가 많다. 내 방식이 옳은지 의문이 들 때가 많다. 책이 꼭 정답은 아니다. 아동 심리 전문가도 정답을 모른다.

나를 찾는 과정도 무엇이 정답인지 모른다. 다만 무엇을 하면 안되는지는 알고 있다. 무의미하게 시간 보내는 짓은 절대 하지 말아야 한다. 게임하기, 술자리 만들기, 의미 없는 신변잡기만 하지 않아도 시간을 자유롭게 쓸 수 있다. 시간 없다는 핑계를 없애게 된다. 무엇보다도 자기를 내팽개치지 않을 수 있다. 내가 안정돼야 밖에서 걸어오는 싸움에 잘 대응할 수 있다. 내가 나를 사랑해야 환한 웃음으로 아이들을 안아줄 수 있다. 내가 행복해야 하는 일이 즐겁다. 그러려면 어떻게 해야 할까? 나도 모른다.

일단 끌리는 일부터 시작했다. 어떤 결과가 나올지 모른다. 아직도 바다를 떠도는 중이고 등대는 보이지 않는다. 열심히 노를 저으면 언젠가는 보이겠지. 뭔가를 찾을 수 있겠지. 이기적일 수 있다. 이기적이어야 한다. 먼저 나부터 찾은 다음에 생각하자.

손 그림

하루에 한 개씩 그림을 그린다. 1년이 돼간다. 처음에는 초등학생보다 못했다. '졸라맨'이었다. 무작정 그렸다. 쉽게 따라 그리기를 알려주는 책을 사서 하루에 한 개씩 그렸다. 따라 그리기만 했는데 달라졌다. 가끔 봐줄 만하다. 잘 그리고 싶은 것도, 절실한 것도 없었다. 그냥 따라 그렸다. 비전공자에게 그림 그리기는 낯설다. 미술에 소질이 없고 취미도 아니었다. 싫어하는 과목이었다. 잘 그리려고 용을 써도 이상한 그림만 나왔다. 그림은 넘볼 수 없는 영역이었다.

개발 일을 하면 디자이너하고 같이 일할 때가 많다. 디자이너들 그림 실력에 늘 감탄한다. 디자이너는 다른 세상 사람 같다. 그런 내가 그림을 그려보자고 마음먹었다. 말을 아무리 잘해도 글을 못 쓰면 소용없다. 글 또한 전달력에 한계가 있다. 같은 말도 다르게 생각하는 사람이 많다. 아내하고 이야기할 때도, 사무실 회의 때도 그렇다. 발표 자료를 준비한 기획자가 아무리 설명을 잘해도 질문이 쏟아진다. 뭐가 모자라서 질문이 쏟아질까?

우리 뇌는 글과 그림을 같이 볼 때 기억력이 높아진다. 발표 자료에 그림을 넣으면 전달력이 좋아진다. 그림, 전달, 발표 자료를 키워드로 검색했다. '픽토그램'이라는 단어가 나왔다. 화장실 안내판처럼 사물을 단순하게 표현한 그림이다. 픽토그램만 보면 남자 화장실인지 여자 화장실인지 금방 알 수 있다. 버스 정류장, 숟가락, 가방, 정지표 등 우리 주변에는 픽토그램이 많다. 발표 자료에 픽토그램을 넣기로 했다.

우리 팀은 자유 주제로 개별 발표를 진행하고 있었다. 주간 회의 때 한 명이 15분 동안 발표하면 두 달에 한 번꼴로 차례가 돌아온다. 주제는 발표자 마음이다. 업무에 관련된 내용이어도 되고 자기 관심사여도 좋다. 첫 발표자를 정하는 시간이었다. 나서는 사람이 없었다. 눈치보고 있었다. 자유 주제라지만 발표 자체가 부담이 됐다. 시간을 따로 써야 하기 때문이다. 어쩔 수 없이 팀장이 서열 순으로 정했다. 나는 셋째 발표자가 됐다.

첫 발표자는 평범한 발표를 했다. 한 주가 지나고 내 차례가 됐다. 서열 2위가 바꿔달라고 부탁했다. 주제는 대화다. 책 내용을 정리하고 내 생각을 더했다. 발표 자료는 50장 정도였다. 만화 보듯 술술 넘어가게 만들었다. 두 사람의 얼굴이 보인다. 왼쪽 사람은 'ㄱㄴㄷㄹ……'로 말하고, 오른쪽 사람은 'ABCD……'로 말한다. 서로 자기주장을 펼치고 있지만 알아듣지 못하는 상황을 표현한 그림이다. 퀴즈를 내서 답을 맞힌 사람에게 원두커피를 선물로 줬다.

지난주에 J차장이 발표한 때하고는 분위기가 달랐다. 그때는 언제 끝나나 지루해하는 분위기였고, 내 발표는 잘들 들었다. 고마웠다. 어쩌면 다들 전혀 관심 없는 분야다. 개발 업무에 무관하니 딴 나라 이야기일 수도 있다. 뒷심이 부족했지만 팀원들은 잘 들어줬다.

발표가 끝나고 일상으로 돌아왔다. 사람들은 주어진 업무를 했다. 평소하고 같은 모습이었다. 달달한 믹스커피를 많이 마셔서 화장실을 자주 가는 편이다. 화장실에서 만난 팀원들이 웃고 떠들고 있다. 재미있는 이야기를 하는 듯하다. 가만히 들어보니 내가 한 발표를 패러디하고 있었다. 자기는 한국어를 하고 상대는 외국어를 하고 있다며 웃는다. 덩달아 기분이 좋아졌다. 농담은 며칠 동안 계속됐다. '이 짜릿함은 뭐지? 조금 더 공부해볼까?'

읽는 책을 픽토그램으로 정리해보기로 했다. 가끔 듣는 인터넷 강연을 글과 그림으로 요약했다. 생각보다 힘들었다. 무엇보다 그릴 수 있는 그림이 너무 적었다. 자존감을 다룬 책을 읽고 어린아이의 자존감을 표현하고 싶었다. 아이디어가 떠오르지 않는다. 무료 이미지 사이트를 찾았다. 아이를 그린 그림을 따라 그려도 아이 같지 않았다. 책 내용도 정리하려 했지만 그림에서 많이 막혔다. 책 몇 권을 해보니 글로 정리하는 쪽이 더 빨랐다. 그림은 어렵고 시간도 많이 걸렸다. 알고 보니 이런 방식이 '비주얼 싱킹'이었다.

비주얼 싱킹은 여러 분야에 활용할 수 있다. 생각을 그림으로 나타내고, 시간축으로 그리고, 주제별로 그린다. 몇 번 해보면 안다. 비주얼 싱킹도 그림을 많이 알아야 한다. 영어 공부할 때 단어를 많이 외워야 하듯이 상황을 잘 표현할 수 있는 그림을 많이 알아야 한다. 사물의 특징을 집어내서 단순하게 그려야 한다. 연습을 많이 하면 그릴 수 있는 그림이 많아진다. 글보다 그림으로 정리하는 방식이 더 쉽고 빠르다.

강연 한 편을 비주얼 싱킹으로 정리했다. 속도를 따라갈 수 없다. 다시 봤다. 열 번은 본 듯하다. 한 번 그리고, 또 그리고, 강의를 다시 듣고, 뭔가 부족한 듯해 다시 그렸다. 내용을 겨우 정리했지만, 그림으로 들어가는 문턱은 높고 높았다. 그림하고 나는 거리가 멀었다.

그림을 잘 그리고 싶었다. 열 살이나 어린 디자이너에게 상담을 신청했다. 사부라고 부르면서 그림을 가르쳐달라고 했다. 도형으로 표현해보라 한다. 종이 한 장에 모든 내용을 넣으려 했다. 그림이 작아졌다. 엑스를 긋고 옆에 다시 그렸다. 엑스를 긋고 밑에 다시 그렸다. 새 종이에 처음부터 다시 그렸다.

사부는 몇 장을 써도 좋으니 큼직하게 그리라고 한다. 삐뚤어져도 괜찮다고, 망설이지 말고 그려야 한다고 말한다. 어린 사부의 한마디 한마디가 고마웠다. 더 배우고 싶었지만 구조 조정이 문제였다. 그림 수업은 여기서 멈췄다. 한동안 그림을 잊고 살았다.

새로 맡은 일은 여유를 허락하지 않았다. 심한 갑질 때문에 불만이 쌓였다. 아내하고는 갈등이 더 심해졌다. 하루하루 소비하고 있었다. 안 되겠다 싶어 독서법 강의를 들었다. 책 빨리 읽는 법을 알려줬다. 강의가 끝난 뒤 수강생 단체 카톡방에 들어갔다.

강사는 단톡방 하나가 더 있다고 했다. 강의의 핵심은 프레임이었고, 독서법은 그 프레임을 활용한 사례였다. 프레임은 '반복, 작은 성공, 보상'이었다. 단톡방의 이름은 '습관방'이었다. 어떤 습관이든 상관없다. 자기가 하고 싶은 일을 하루에 하나씩 실행하면 된다. 이 실행을 성공이라고 부른다. 그날 실행한 습관 인증 숏을 단톡방에 올린다. 어떤 습관은 푸시업 10회, 어떤 습관은 1만 보 걷기, 어떤 습관은 아침 일찍 기상하기다. 웃음이 나올 정도로 쉬운 일도 된다.

그림에 욕심이 났다. 또 좌절할 수도 있다. 포기는 그때하기로 하고 무작정 시도했다. 웃음이 나올 정도로 쉬운 일도 된다고 했으니 부담 없다. 먼저 따라 그리기 책을 샀다. '손 그림'으로 검색하니 책이 많다. 귀여운 표지를 골랐다. 그날 하루 작은 성공의 결과물을 단톡방에 올렸다. 그리기 연습을 다시 시작했다.

이 습관방을 1년 정도 함께했다. 처음에는 5분이면 충분했다. 책에 실린 그림을 따라 그렸다. 5분도 되지 않아 4개를 그렸다. 두 달이 지났다. 따라 그릴 그림이 없다. 새 책을 사려다가 읽고 있는 책을 그림으로 그려보기로 했다. 뭘 어떻게 그릴지 도통 잡히지 않는다. '손 그림'과 '따라 그리기'로 검색한다. 쉬운 그림을 골라 그날 그릴 분량을 채운다. 30분을 넘기지 않기로 했다. 책에 없으면 하루 일과에서 찾았다.

어느 날 둘째가 사랑한다며 두 팔로 하트를 그린다. 두 손을 모아 작은 하트를 만들더니 또 사랑한다고 한다. 나도 엄지와 검지로 손 하트를 만들어 아빠도 사랑한다고 했다. 둘째가 손 하트를 따라 하며 사랑한다고 말한다. 둘째는 엄지가 검지와 중지 사이에 들어가 있다. 검지 위에 자리해야 할 엄지가 검지 밑에 있다. 욕하고 똑같았다. 이 일화를 그림으로 그렸다. 손가락을 그리기가 쉽지 않았다.

아이들하고 놀다가 사진을 찍는다. 귀여운 모습을 담고 싶다. 해맑은 웃음은 힐링이 된다. 보기만 해도 사랑스러운 아이들 얼굴을 그리고 싶었다. 눈, 코, 입, 볼, 머리, 머리카락 등 사진 그대로 종이에 옮겼다. 그린 뒤에 알았다. 얼굴은 어렵다. 선 하나 잘못 그으면 표정이 달라진다. 귀여운 아이가 할머니로 된다.

인터넷에서 손 그림으로 검색하면 잘 그린 그림이 많다. 대부분 명암이 있다. 단색만 쓰다가 명암을 넣기로 했다. 보기 좋아졌다. 단톡방에서도 다들 칭찬한다. 칭찬에 인색한 분들이라 기분이 좋다. 지금은 새로운 욕심이 생겼다. 잘 그리는지 못 그리는지는 상관없다. 인터넷을 보지 않고 머릿속에 있는 이미지를 그리고 싶다.

며칠 전 아몬드를 그렸다. 오전 내내 업무 메일을 주고받았다. 글자 하나 때문에 몇 번이나 메일이 왔다갔다했다. 그렇게 오전이 다 갔다. 의미 없이 보낸 시간이 아까웠다. 수신자를 술안주로 오도독 씹고 싶었다. 오도독 하면 아몬드다. 어떻게 그릴까? 으깬 아몬드? 비웃는 아몬드 캐릭터? 아몬드 세밀화?

습관방에서 그림을 습관으로 삼은 사람은 나뿐이다. 운동이 가장 많다. 쭉쭉 올라오는 인증 숏은 대부분 성공만 알린다. 그런 곳에서 내가 올린 그림은 삭막함을 달래준다. 자아도취. 폭풍 칭찬을 예상했다. 아무 반응이 없다. 어떤 대꾸도 없다. 어차피 남들 보라고 한 일이 아니라며 자위했다. 늘 하던 대로 하루에 하나씩 그렸다.

몇 달이 지났다. 오프라인 모임에 갔다. 처음 보는 얼굴이 대부분이다. 간단한 자기소개를 하고 이름과 직업을 말했다. 하루에 하나씩 그림을 그린다고 소개했다. 잘 보고 있다는 사람이 곧 팬이 될 듯하다고 말한다. 뜻밖의 환대에 기분이 좋아진다. 나는 단순하다.

글 쓰면서 그림에 소홀해졌다. 일주일에 한두 번꼴이다. 개인톡이 왔다. 날마다 보는 그림 덕에 힐링이 됐는데 무슨 일 있느냐며 안부를 물었다. 남들에게 보이려고 그리지 않았다. 그냥 그렸다. 초등학생 그림이다. 감동을 주는 메시지도 없다. 그런데도 힐링이 됐다니……. 그림의 힘을 알았다. 그림은 글하고 다른 매력이 있다.

그림은 먼 나라 이야기였다. 지금도 그렇기는 하다. 뭘 어떻게 그려야 할지 모른다. 그리면서 알게 된 사실들도 있다. 선은 한 번에 그려야 아름답다, 선 긋는 요령이 있다, 작은 선도 의미를 지닌다, 삐뚤어져도 괜찮다, 못 그려도 상관없다, 의외로 뛰어난 공간 감각이 필요하다, 관찰을 해야 그릴 수 있다 등등.

해보지 않으면 모른다. 우울증, 대인 기피증, 불안증, 낮은 자존감. 상담 결과지에 적힌 단어들이다. 이런 상태는 뭘 하기가 힘들다. 시도하기 전에 부정적 시선 아래 안 될 이유만 찾는다. 데이비드 호킨스 박사의 의식 수준 밝기로 보면 50룩스 정도겠다. 고민만 많지 해결된 일이 없다.

유치한 손 그림으로 시작했다. 일단 뭔가를 하니 재미있다. 재미는 찾는 것이 아니라 찾아온다. 일단 시도해야 한다.

'음……. 재미를 그림으로 표현하면?'

책 읽기

출퇴근길은 게임하는 시간이었다. 삶의 유일한 낙이었다. 아내 잔소리는 무시했다. 게임을 끊을 생각이 절대 없었다. 아빠가 게임만 하느냐는 말을 들을 아이를 떠올렸다. 멋진 아빠, 훌륭한 아빠, 슈퍼맨 아빠로 아는 아이가 상처를 받을 수 있다. 게임을 끊기로 결심했다.

책을 읽기로 했다. 마침 사내 동호회를 지원한다는 공고가 나왔다. 동호회 형태는 상관없지만 '5명 이상, 2달 유지'가 조건이었다. 동호회 회장이 참여할 기회를 줬다. 커피 한잔을 하면서 책을 읽는 모임이었다. 아무것도 안 해도 된다고 했다. 머릿수만 채워달라고 했다. 책 읽기를 이때 시작했다. 동호회 지원금으로 한 달에 책 한 권을 사고 매주 수요일 점심시간에 모여 커피를 마셨다.

책을 읽지 않았다. 일 년에 두 권이면 많이 읽는 편이었다. 목표를 세웠다. 한 달에 한 권 읽기. 5월에 가입해서 12월까지 8권 읽기가 목표였다. 일단 읽었다. 목표를 고쳤다. 12권으로 올려 잡았다. 처음 잡은 책은 자존감을 다뤘다. 가볍게 접근하기 좋았다. 다음은 육아 이야기였다. 아이 키우는 부모라 한번쯤 보고 싶었다. 비슷한 처지라서 내용이 쏙쏙 들어왔다. 그렇게 8개월 동안 21권을 읽었다.

다음해에도 목표를 정했다. 이번에는 한 달에 4권으로 정했다. 일주일에 한 권을 읽으면 된다. 책의 세계는 매력이 있다. 지식도 쌓인다. 똑똑한 사람이 된 듯했다. 다른 사람보다 한마디 더 할 수 있었다. 몇 십 권을 읽고는 자랑하고 싶어서 참기가 힘들 정도였다.

출퇴근 때 책을 읽었다. 게임을 책으로 바꿨다. 한 달 4권, 일 년 48권이 목표였다. 10월에 목표를 달성했다. 목표를 달성하니 느슨해져서 연말에 50권을 조금 넘었다. 게임으로 허비한 시간이 아까웠다. 500권을 읽을 수 있는 시간이었다. 한 권을 다 읽고 다음 책을 못 고르면 공백이 생긴다. 습관은 무섭다. 출퇴근 시간이 지루해지자 게임을 하고 싶어졌다. 스마트폰으로 하는 일 중 게임이 50퍼센트를 차지한다고 한다. 그다음이 영화나 음악 등 미디어 관련 콘텐츠 소비다. 공백을 없애려고 다음 책을 바로바로 샀다. 지난 시간이 너무 아깝지만 되돌릴 수는 없다. 이제 시간을 허비하는 사람들에게 책을 읽으라고 권한다.

그 다음해에는 읽는 책 권수에 욕심이 생겼다. 제목만 보고 고르거나 베스트셀러를 선택하기도 했다. 실패하는 책들이 생겨났다. 책 추천 프로그램이 폐지된 때문이었다. 60권을 목표로 잡았다. 한 달에 5권, 주말 빼고 나흘에 한 권을 읽어야 한다. 출퇴근이 왕복 세 시간이니 나흘에 한 권 정도는 충분하다. 책 읽는 속도도 붙었다. 읽으면 읽을수록 내가 공자나 부처가 되는 듯했다. 깊이는 없이 생각하지 않고 읽었다. 지식은 쌓이는 느낌이었다. 그해 100권에 가깝게 읽었다.

책을 읽어도 삶은 변하지 않았다. 책 읽는 모습을 본 아내는 기대를 많이 하다가 똑같은 내 모습에 실망하고 화를 냈다. 지식이 많이 쌓여도 결과는 같았다. 아이들에게 부끄럽지 않은 아빠가 되려고 책을 읽었다. 공감 능력을 키우려고 인문학 책을 봤다. 사람에 관해 알게 되면 회사나 가정이 좋게 바뀔 수 있다고 생각했다. 나는 여전했다. 똑같이 화를 내고, 여전히 실망을 주고 있었다.

책에 담긴 좋은 얘기는 좋은 얘기로 끝났다. 책만 읽었지 생각을 하지 않았다. 내 삶에 어떻게 적용할지를 고민하지 않았다. 많은 책 읽기는 드라마 보기하고 같다. 재미있어 열심히 챙겨 보지만 남는 게 없다. 수다 소재가 아니면 쓸모가 없다. 잘난 체하는 꼰대의 모습이기도 하다. 책에서 얻은 지식을 나한테 적용하지 못했다. 그나마 다음 책을 읽으면 대부분 사라진다.

내용을 잊지 않으려고 한 줄이라도 남기기로 했다. 습관이 되지 않아 몇 번 놓쳤다. 놓친 책 내용을 나중에 적으려 하니 생각나지 않는다. 제목조차 희미하다. 백 권을 읽어도 남는 게 없었다. 삶은 바뀌지 않았다. 많이 쌓은 지식은 변명거리로 좋았다. 말발이 늘었다. 책에 이런 내용이 있다면서 아내가 하는 말에 반박했다. 육아 서적을 읽으면 아내가 하는 잘못이 잘 보인다. 양치질 안 하면 장난감을 버린다고 협박한다. 아이는 마지못해 양치를 한다. 그러지 말라고 핀잔을 줬다. 뒷배경에는 책이 있다. 아내는 책 내용이 절대적이지 않다면서 자기는 아이 성향에 맞게 대응한다고 말한다. 책을 맹신하던 나는 이런 말에 반박했다. 우리는 또 싸웠다.

어설프게 쌓은 지식은 독이었다. 자기 계발서를 많이 읽었다. 경험을 바탕 삼아 결과론적으로 이야기한다. 동의할 내용도 있지만 도움이 될까 하는 의심도 든다. 조그만 지식으로 잘난 척할 뿐이었다.

고수가 되려면 몇 가지 단계가 있다. 첫째, 무지. 아무것도 모르는 상태이고 무조건 받아들이는 단계다. 옳고 그름이 없다. 무조건 습득하고 본다. 모든 것이 새롭고 신기하다. 다음 단계는 자만이다. 지식이 쌓이고 어느 정도 안다고 생각하게 되면 자신만만해진다. 그러다 실수한다. 나는 자만 단계에서 교통사고가 났다. 책도 비슷하다. 아는 지식을 늘어놓으려니 말만 앞섰다. 흔히 말하는 꼰대다.

책 욕심이 더 커졌다. 읽고 싶은 책은 많은데 읽는 속도는 느려 답답했다. 빨리 읽는 방법을 찾았다. 한 시간이면 한 권을 읽을 수 있다고 한다. 솔깃했다. 한 장 한 장을 사진 찍듯 읽는다. 빨리 보고 눈에 띄는 키워드를 뽑는다. 익숙해지면 한 시간에 한 권을 읽는다. 소리 내어 읽지 않고, 머릿속으로 읽지 않는다. 눈으로 영화 보듯 읽는다. 책을 읽지 않고 본다. 하루에 한 권꼴로 읽을 수 있었다. 출근할때 한 권 읽고 퇴근할 때 한 권 읽기도 했다. 빅뱅을 경험하듯 한 달에 20권을 읽었다. 짜릿했다. 어설픈 느낌은 있지만 한 줄이라도 남기자는 작은 목표는 달성했다.

몇 달 속독으로 책을 읽었다. 알고 있는 것만 보였다. 알지 못하는 세상을 알려고 책을 읽는데, 아는 것만 보였다. 정독으로 돌아갔다. 읽을 책을 고를 때만 속독으로 본다. 정독에는 시간이 많이 필요하니 책 고르기가 중요하다. 가끔 헌책방에 들른다. 실패한 책을 팔러 가지만 계획에 없던 책을 사기도 한다. 사고 싶은 책이 없더라도 사게 된다. 이때 책 제목을 보고 고른 뒤 속독으로 읽고 결정한다. 나는 정독이 맞다.

책 읽기는 작은 변화를 가져왔다. 첫째, 자신감이다. 게임을 할 때는 늘 후회가 남았다. 1년 전, 그 1년 전에도 똑같은 생각을 하고 있었다. 몇 년 동안 똑같은 후회를 하고 살았다. 게임 대신 책을 읽으니까 뭔가 하고 있는 느낌이다. 시간을 알차게 보내니 지식도 많이 쌓이고 말재주도 늘었다. 무슨 일이든 할 수 있다는 자신감이 생겼다.

둘째, 부정적인 생각이 조금 누그러졌다. K부장이나 아내하고 얘기할 때는 늘 속으로 말한다. '쟤는 나한테 왜 그래? 도대체 왜?' 이런 마음이 쏙 들어가고 다른 생각이 찾아왔다. '다른 방법이 있는데 모르는구나. 알려줘야지.' 부정적인 생각이 많이 사라졌지만 자만 단계에 빠진 독서가 문제였다. 잘난 척을 했다. 꼰대 짓을 좀 했다.

셋째, 관심이다. 우물 안 개구리처럼 하는 일에만 관심이 있었다. 정치나 사회에는 전혀 신경쓰지 않았다. 어떻든 나라는 돌아가고 내일은 출근해야 한다. 《사피엔스》, 《지적 대화를 위한 넓고 얕은 지식》, 《누가 우리 일상을 지배하는가》 등을 읽으며 정치에 관심이 생겼다. 노동에 눈길이 갔다. 보수와 진보를 이해하게 됐다. 책을 읽기 전에 나는 진보라고 생각했는데 책을 읽고 나서 보수라는 사실을 알았다. 변화를 대하는 태도를 기준으로 하면 나는 변화를 두려워하는 보수 성향이었다.

넷째, 회귀다. 아내하고 다퉜다. 책이 원인이었다. 《미움 받을 용기》를 읽었다. 아내는 내가 변화하리라고 기대했다. 책 한 권으로 사람이 바뀐다면 얼마나 좋겠는가. 나는 변하지 않았다. 아내는 책을 읽어도 소용이 없다면서 앞으로 책을 보지 말라고 했다. 무시하고 사서 읽었다. 들켜서 대판 싸우고, 한동안 책을 못 읽었다. 예전의 행동 양상이 되살아났다. 부정적인 생각과 시선, 비아냥, 비난, 방어 기제가 다시 나타났다. 책을 읽는 행위 자체가 도움이 된 모양이었다. 우울한 나로 돌아가고 싶지 않았다. 다시 책을 읽었다.

내 자리에는 책이 20여 권 쌓여 있다. 아내 눈치가 보여 회사 책상에 모셔둔다. 팀원들이 오며가며 책이 많다고 말한다. 몇 명은 빌려달라고 한다. 읽을 만한 책을 골라달라고 부탁한다. 독서의 '독'자에도 관심 없던 사람들이다. 쌓아놓은 책을 보니 읽고 싶어졌다고 한다. 좋은 것은 권하지 말고 보여줘야 하는 법이다. 사람들에게 책을 읽어보라고 그렇게 권했다. 게임을 끊으면 다른 게 보인다고 지겹게 말했다. 통하지 않았다. 그러던 사람들이 쌓인 책만 보고 마음이 동했다. 부끄럽지 않는 아빠가 되려고 시작한 독서는 이제 삶의 동반자가 됐다.

'내일은 무슨 책을 읽을까?'

버릇

게임은 시간이다. 게임하는 시간은 얼마 안 된다. 대부분은 연구하는 데 들어간다. 맞다. 게임을 연구한다. 게임 공략집을 찾는다. 더 좋은 조합을 얻으려 인터넷을 뒤진다. 게임을 어떤 방향으로 설계할지 계획을 세운다. 대충 찾으면 퇴근길에 게임을 실행한다. 이런 과정이 기쁨을 준다. 어려운 수학 문제를 푼 느낌이다. 게임의 맛은 중독이다. 스트레스 해소에 도움이 된다. 문제는 너무 많은 시간을 쓴다는 점이다. 출퇴근길만 따져도 세 시간이다. 업무 시간 틈틈이 사이트에 들어가 공략 방법을 연구한다. 한번 찾기 시작하면 한 시간은 후딱 지나간다. 하루에 적어도 다섯 시간 넘게 게임에 시간을 썼다.

결혼 1주년 기념 제주도 여행 때 아내는 나한테 바람이 있었다. 비행기 표, 숙소, 렌터카, 관광지까지 모든 일을 상의했다. 어느 정도 내가 알아봐주기를 바랐다. 바쁘다는 핑계로 외면했다. 무계획이 여행의 참맛이라는 생각도 있었다. 회사일이 아니라 게임 때문에 바빴다. 게임에 빠지면 정작 중요한 일을 잊는다. 누가 뭐라고 해도 흘려듣는다. 관심사는 오직 게임이다. 아내도 내 무관심에 짜증을 냈다.

아내가 여성 보험 가입을 알아봐달라고 했다. 나도 모른다며 거절했다. 자기 보험은 자기가 알아보라고 했다. 바쁘다는 핑계를 댔다. 그래도 알아봐달라고 해서 그러겠다고 둘러대고 말았다. 회사는 좋은 곳이다. 필요하면 일을 핑계로 댈 수 있다. 바쁜 일은 게임이었다. 아내는 아내대로 불만이 쌓였다. 싸움은 예정돼 있었다.

게임이 좋은 점도 있다. 돈이 가장 적게 드는 취미다. 스쿼시, 스노보드, 수영, 인라인, 마라톤은 돈이 제법 든다. 기본 장비를 맞추려면 최소 몇 십만 원을 써야 한다. 게임은 돈을 쓰지 않아도 된다. 개발자들은 게임이 단골 대화 주제다. 이야깃거리가 된다. 고전 게임 얘기를 시작하면 끝이 없다. 군대 이야기처럼 말이다.

가장 좋은 점은 성장이다. 캐릭터가 성장하는 모습을 보면 내가 성장하는 듯하다. 레벨을 올릴 때마다 기분이 좋다. 희열이 있다. 분노와 폭력성을 게임으로 해소한다. 게임에도 좋은 점이 많다.

나쁜 점도 많다. 끊고 나서 알게 됐다. 게임은 망각의 샘물이다. 게임을 하면 집중하게 된다. 몰입한다. 다른 생각이 없어진다. 오로지 게임이다. 중요한 일은 게임을 하고 난 뒤로 미룬다. 말하기 껄끄러운 일도 나중으로 미루다가 잊는다. 현실 도피에 정말 좋다.

게임을 끊고 책을 읽었다. 읽을거리가 끊이지 않게 책을 샀다. 당장 읽을 책이 없으면 어느새 게임을 깔았다. 새로 출시되는 기대작을 꼭 해봐야 된다고 다들 야단이면 한번 해보고 싶어졌다. 딱 한 번이 중독이 될까 두렵기도 했다. 궁금증을 참지 못하고 게임을 깔았다. 캐릭터를 만들고 레벨을 올렸다. 초반에는 금방금방 오른다. 예전에 하던 게임하고 비슷하다. 자원을 모으고, 레벨을 올리고, 새로운 사냥터에서 조금 더 어려운 적을 상대했다. 한 시간쯤 지나니 지루해졌다.

'이걸 계속 키워야 해?'

게임을 좋아한 사람이 맞나 싶다. 의미 없는 시간을 보낼 수도 있다고 생각하니 지루함이 더해졌다. 미련 없이 지웠다. 몇 달 지나 또 다른 신작 게임이 나왔다. 남자라면 꼭 해야 되는 게임, 모바일용 리니지. 자기가 지원해준다며 얼른 설치하라고 옆자리 S과장이 꼬드긴다. 며칠 하다가 바로 지웠다. 재미가 없다. 무엇보다 지루했다. 여전히 시간이 아깝다고 생각했다. 기대작이 나오면 하루이틀 뒤 지웠다. 이제는 기대작에도 손이 안 간다. 게임을 끊고 나서 알았다. 나는 게임을 좋아하는 사람이 아니었다.

게임은 레벨 업을 해도 끝이 없다. 고급 아이템은 구하기 힘들다. 시간과 노력을 투자해도 가질 수 없다. 무의미한 짓이다. 스트레스를 풀려고 게임을 하는데, 하면 할수록 스트레스가 쌓였다. 아슬아슬하게 이길 때, 며칠에 한 번꼴로 레벨이 올라갈 때 빼고는 답답함의 연속이었다. 어릴 때부터 게임을 했다. 어른이 된 뒤에도 했다. 직장에 들어간 뒤에도 했다. 결혼한 뒤에도 했다. 하루라도 더 빨리 알았으면 인생이 달라졌겠다. 더 늦기 전에 알아 다행이다. 게임은 망각을 부르는 술이다.

술 하면 빠질 수 없는 사람이 나다. 못 마시는 술이 없었다. 직접 담그기도 했다. 술은 사람들하고 친해지려면 꼭 필요했고, 모든 사람을 즐겁게 해줬다. 대학교 때부터 마셨다. 유전의 힘이었을까. 아버지를 닮아서 마셔도 취하지 않았다. 술 잘 마신다는 말을 칭찬으로 알았다. 묘한 승리감도 들었다. 앞사람이 마시면 따라 마셨다. 앞사람이 많이 마시면 나도 많이 마셨다. 얼굴이 빨개지고 몸을 살짝 비틀거리며 화장실을 왔다갔다했다. 앞사람이 술 잘 마신다고 칭찬한다. 한잔하자며 잔을 부딪친다.

친구들을 만나려면 술이 필요했다. 빠지면 이상했다. 팥소 없는 찐빵 같았다. 회식도 모두 참석했다. 그래야 되는지 알았다. 회식은 끝까지 참석해야 예의라고 알았다. 술 취해 어깨동무하고 안드로메다 칭찬을 하면 친해지는 느낌이었다. 술 마시면 자주 하는 말이 있다.

"이거 마시고 다 잊자. 이제 없던 걸로 하는 거다."

술은 만병통치약이었다. 인간관계를 부드럽게 하는 윤활유였다. 술자리에는 늘 유쾌한 사람이 있다. 같이 있으면 한참을 웃는다. 이야기를 어찌나 재미있게 하는지 신기하다. 나도 덩달아 신이 난다. 술은 분위기 메이커였다.

술을 찬양하던 내가 술을 끊었다. 3년이 넘어가고 있다. 술을 좋아했는지도 모르겠다. 잘 마셨는지도 알 수 없다. 취하지 않는 몸인지도 알지 못하겠다. 끊고서 알았다. 술도 회피의 또 다른 방법이었다. 회식이 끝나고 지하철을 탔다. 어지러웠다. 한숨이 계속 나왔다.

'지루했어.'

방금 전까지 함께 떠들썩하게 술 마시고 신나게 놀았는데, 재미있었는데, 지루했다니. 집에 도착할 때까지 지루했다는 생각이 계속 됐다. 왜 지루했을까. 원인을 찾고 싶었다. 분명 재미있었는데, 끝나고 돌아가는 길에는 지루하다니? 질문을 계속했다.

'이 느낌은 뭐지?'

'즐겁지 않은 일은 뭐였지?'

'술자리에서 원하는 건 뭐지?'

'윤활유가 맞나?'

'나는 사람들하고 소통하고 있는 게 맞나?'

'술의 의미가 뭐지?'

'내가 정말 술을 좋아하는 게 맞나?'

어떤 질문도 시원하게 대답할 수 없었다. 객관적으로 보면 술을 잘 마시지도 못했다. 거절하지 못해 술자리에 가는 때가 더 많았다. 재미있게 말하는 사람은 자기 말만 하지 절대 질문하지 않았다. 그때는 웃기지만 끝나고 남는 게 없다.

술자리가 길어지면 술이 술을 마신다. 몸만 축난다. 더 친해지지도 않는다. 어깨동무하고 내일이면 죽마고우가 될 듯해도 술이 깨면 원상태로 돌아간다. 생각해보면 술을 마시고 싶은 날은 없었다. 미식가는 맛을 음미한다. 커피 좋아하는 사람은 커피의 쓴맛, 신맛, 단맛, 바디감 등을 즐긴다. 애주가라면 술맛을 안다. 나는 술맛을 모른다.

술을 끊겠다고 다짐한 뒤 회식 자리에서 맨정신으로 있었다. 전에 본 적 없는 광경이 펼쳐진다. 술자리를 휘어잡던 사람이 전혀 재미가 없다. 어디서 웃어야 할지 모르겠다. 자기 얘기만 하고 질문하지 않는다. 듣기만 하는 일도 고역인데 자꾸 나를 보면서 말한다. 맞장구를 쳐야 한다. 기가 빨린다. 빨리 벗어나고 싶다. 다른 쪽은 자기들끼리 떠든다. 하나뿐인 마이크를 놓고 다투듯 서로 말하기 바쁘다. 듣는 사람은 중요하지 않다. 자기가 말할 수 있으면 된다. 할 말이 끝나면 외친다.

"자, 한잔해."

'나도 저랬을 텐데……' 맨정신으로 보니 지난날이 부끄럽다. 술자리가 이런 모습인지 미처 알지 못했다.

술 좋아하는 상사는 술 잘 마시는 부하 직원을 좋아한다. 조직에서 살아남으려면 같이 술을 마셔줘야 했다. 남을 생각이 없었다. 술을 좋아하는 S과장은 K부장하고 술자리 멤버다. 형동생 문화에서 보면 동생이다. S과장은 실력 덕에 구조 조정에서 살아남았다. 그렇게 믿고 싶다.

술은 게임하고 비슷하다. 한동안 빠져 있던 드라마도 비슷하다. 회피하는 방법의 하나다. 문제 해결을 피했다. 술 마시고 얼렁뚱땅 넘어가려 했고, 게임으로 미뤘고, 드라마로 무관심했다. 현실에서 도망치고 있었다. 술의 힘을 빌려 속 얘기를 꺼내도 다음날이면 도루묵이다. 술을 끊고 게임을 끊은 뒤 가장 크게 달라진 점은 시간이다. 늘 시간이 없다고 말했는데, 이제는 시간이 남는다. 머릿속에만 맴돌던 일을 할 수 있다. 시간이 없는 걸까, 없게 만들고 있는 걸까?

남편이자 아빠

아버지하고 나는 성격이 다르다고 생각했다. 성향 자체도 다른 데다가 중학교 때부터 떨어져 살았다. 유전의 힘일까? 점점 닮아가는 모습에 깜짝 놀란다. 남편으로서 아버지는 속마음하고는 다르게 상처 주는 말을 많이 했다. 엄마는 궁시렁거리는 습관이 있다. 아버지에게 불만을 제대로 말할 수 없어서 생긴 버릇이다. 우리 가족은 내가 태어난 해에 분가를 했다. 시골집은 장작을 땠다. 이게 생각보다 고생스럽다. 고생하는 엄마를 위해 부엌을 고치려다가 집을 새로 지었다. 마음은 말처럼 상대를 무시하거나 차갑지 않다. 아버지는 마음을 어떻게 표현해야 하는지 몰랐다. 나도 모르게 하는 행동과 말이 아내에게 상처를 줬다.

여행 때 아내가 쇼핑 일정을 넣었다. 가족 선물과 아이들 옷을 사야 한다고 했다. 불가능하다고 했다. 세 곳을 돌아다닌 다음 키즈 클럽에 맡긴 아이들을 찾아야 했다. 도저히 시간을 맞출 수 없었다.

"짧게 할게."

"퍽이나. 평소 쇼핑 스타일 보면 적어도 한 곳에서 두 시간이야. 세 곳에 가려면 쇼핑만 6시간이고, 이동 시간까지 하면 불가능해. 오전에 한 군데는 다녀와야 그나마 가능해."

억지 부리는 아내가 답답하기만 했다. 아내도 불만을 터트렸다. 자기 말을 왜 믿어주지 않으냐며 불같이 화를 냈다.

내 모습이 이렇다. 계산적이라 생각했는데, 정나미 떨어지는 말과 행동을 했다. 설득할 수 있을 텐데도 그러지 않았다. 아내가 말한 대로 무시였다. 오전에 한 곳 다녀오고, 다른 두 곳은 한 시간 안팎으로 끝냈다. 아내는 말한 대로 평소보다 짧게 쇼핑했다. 믿어주지 않아 미안했다. 사과도 제대로 하지 않았다. 늘 그렇듯 그냥 넘어갔다.

아내가 화내는 지점은 똑같다. 무시, 그리고 배려 없는 말이다. 어쩌면 그렇게 닮았는지, 아버지하고 나는 하는 짓이 똑같다. 여행 때 감기몸살로 상태가 최악이었다. 아픈 몸을 이끌고 애들 돌보랴 놀아주랴 밥 챙기랴 힘에 부쳤다. 이런 나한테 부실하다며 써먹을 데가 없다고 한다. 자기는 아무것도 안하면서 이것저것 시키기만 한다. 아내가 불만을 터트리면 항상 받아쳤다. 나도 힘들고 상처받았다고. 누가 더 상처받았는지 다투다가 에너지를 쓰고 감정을 소모했다. 기력이 없어 몸이 처지다가도 싸울 때면 팔팔했다. 예전에는 아내의 마음을 몰랐지만 지금은 알 듯하다. 이번 싸움에서는 내 얘기를 하지 않고 아내의 기분을 받아주기만 했다. 화는 났지만, 아내가 하는 하소연이 좀 들렸다.

"왜 내 말을 믿어주지 않는데!"

아내를 무시하고 배려하지 않았으니 화나도 화를 낼 수 없었다.

아내에게 뭘 요구하지 않았다. 있는 그대로 받아들였다. 화내면 화내는 대로 받아들였고, 좋으면 같이 좋고 싫으면 같이 싫어했다.

아무것도 부탁하지 않았다. 할 필요가 없었다. 내가 하면 된다. 아내는 부탁을 많이 한다. 요구가 많다. 때로는 강요한다. 들어주기 바쁘다. 들어주면 하루가 다 간다. 가끔은 너무 한다고 생각했다. 도를 넘은 듯하다. 보상 심리가 발동해서 몇 번 꿈틀했다. 한번쯤은 고생하는 나를 봐주기를 바랐다. 인정받고 싶었다.

싸우는 모습만 보면 아내는 가해자고 나는 피해자다. 아내는 속사포다. 대꾸할 틈이 없다. 일방적으로 쏘아붙인다. 나는 당할 뿐이다. 아내는 고개를 들고 당당하다. 나는 고개 숙인 죄인이다. 잘못이 없어도 그래야 한다. 나는 피해자다. 앞뒤 상황을 보면 꼭 그렇지만은 않다. 아내는 자기가 피해자라고 한다. 자기 합리화인 줄 알았다. 강요한 적도 없고 뭐라고 한 적이 없는데 나더러 가해자라고 한다. 행동거지를 걸고넘어진다. 자기를 무시한다며 화낸다. 아내가 피해망상으로 보였다. 여행 덕분에 내가 피해자가 아니라 가해자라는 사실을 알게 됐다.

아버지는 자식들에게 최선을 다하기는 했다. 아무리 그래도 자살 충동은 지워지지 않는 기억이다. '개 콧구멍 같은 소리'도 잊히지 않는다. 적어도 내 아이들에게는 상처를 주고 싶지 않았다. 따뜻한 마음을 전하고 싶었다. 그런 나도 아이들에게 심한 상처를 줬다. 주워 담고만 싶다. 없던 일로 되돌리고 싶다.

주차장으로 내려가는 길이었다. 길이 엇갈렸다. 여기는 한국이고, 멀어져도 같은 건물 안이다. 건물이 크기는 했지만 찾으려면 찾을 수 있었다. 주차비를 정산하고 있는데 아내가 나타났다. 아내는 태평한 내 모습에 화를 냈다. 사람이 없어졌는데 어떻게 그럴 수 있냐고 소리친다. 만났으면 됐지 하면서 무시했다. 이 무시가 아내를 더 화나게 했다. 잠깐이지만 불안에 떤 아내의 마음을 몰라줬다. 싸움이 격해진다. 차에 타서도 끝나지 않는다.

아이들 없는 곳에서 이야기하자며 아내가 차에서 내렸다. 나도 참지 못했다. 차를 출발시켰다. 아내를 겁주고 싶었다. 10미터를 움직여 차를 멈췄다. 겁먹은 아이들은 어쩔 줄 모른 채 엄마와 아빠를 번갈아 본다. 아내가 다시 차를 탔다.

내 입에서 처음으로 먼저 '이혼'이라는 말이 나왔다. 내가 내 불을 끄지 못했다. 불난 집에 부채질 잘하는 아내에게 질세라 더 심해졌다. 화가 사그라지지 않았다. 집에 들어와 안방에서 나오지 않았다. 그대로 침대에 누웠다. 이럴 일이 아닌데, 화가 사그라지지 않았다.

아이들은 심한 충격을 받았다. 가족을 어떻게 버리고 가냐며 아빠가 너무했다고 소리친다. 돌아오는 길에 첫째는 흐느끼며 혼자 살겠다고 했고, 둘째는 겁먹었는지 손을 입에 물었다. 충격은 받지 않았지만 처음 보는 모습이 낯설었다고 아내는 말했다.

다음날 아침, 손이 발이 되도록 빌었다. 당장이라도 이혼할 기세는 어디 갔냐며 아내가 묻는다. 아이들이 볼 때는 싸우지 말자고 한 내가 내 말을 어겼다. 감정을 조절하지 못하는 내가 미웠다. 아이들에게 상처를 준 게 아닐까 걱정됐다. 아내는 무엇에 빙의된 듯 내가 낯설었다고 했다.

"아빠는 지금 조금 악마야."

"지금 이대로 좋아"

첫째는 내게 악마라 말했고, 둘째는 지금 웃으며 대하는 아빠가 좋다고 말했다. 흉터가 남는 상처를 주고 싶지 않았다. 벗어나고 싶던 아버지의 모습이 나한테 있었다. 뫼비우스의 띠 위를 걷고 있었다. 그 뒤 내가 화를 내려고 하면 첫째가 말한다.

"우리가 잘 때 얘기해."

둘째는 또 다르다.

"저쪽 의자에서 얘기하고 와."

후유증이 오래 갔다. 아직 진행 중인지도 모른다. 아이들은 예전처럼 환하게 웃는다. 몸으로 놀아주면 좋아한다. 보드게임을 져주면 즐거워한다. 그날 일을 어떻게 생각하는지, 어떤 마음이었는지 묻고 싶다. 코끼리를 생각하게 할까봐 섣불리 묻지 못한다. 아직 멀었다.

남편과 아빠. 나한테 주어진 자리다. 아니 내가 만든 자리다. 이 자리가 뭔지 몰랐다. 생각보다 버겁고 겁이 나서 주어진 자리라고 말한다. 가족은 깊은 유대 관계를 맺어야 한다. 자연스럽게 만들어지지는 않는다. 많은 노력이 필요하다. 가족이라서, 아내라서, 남편이라서 모든 것을 이해할 수는 없다. 서로 알아야 한다. 알아야 갈등의 실마리를 풀 수 있다. 그러려면 자기를 먼저 알아야 한다. 알려면 질문해야 한다.

나도 충격을 받았다. 책도 읽고, 강의도 듣고, 아내 마음도 조금은 안다고 생각했다. 어느 정도 성숙했다고 판단했다. 예전처럼 감정에 휘둘려 두 번째 화살을 맞는 일은 없으리라고 생각했다. 자신만만했다. 결혼 뒤 가장 심하게 싸웠다. 화를 참지 못한 일은 처음이었다. 화가 나도 끝에는 참을 수 있었는데, 이번에는 안 됐다. 그동안 읽은 책은 뭐고, 강의 들으며 얻은 깨달음은 뭔지 허탈했다.

엎지른 물은 주워 담을 수 없다. 다시 같은 실수를 하지 않으려면 원인을 찾아야 했다. 내 모습을 천천히 살폈다. 늘 괜찮다고 말했다. 사사로운 감정에 화를 내는 내가 한심했다. 괜찮지 않으면서 괜찮다고 했다. 남자니까 아닌 척했다. 쌓이고 쌓였다. 한 번도 푼 적이 없다. 화를 내지만 끝에는 삭여야 했다. 풀리지 않았다. 아내가 여행 때 울분을 토했듯 나도 화가 터졌다. 안 좋게, 아주 안 좋게 터졌다.

몸도 마음도 건강해야 한다. 책을 읽으면서 마음이 건강한 척했다. 깨달음을 얻어서 성숙한 척했다. 감정에 휘둘리는 나를 제대로 알아야 한다. 회복 탄력성이 낮은 나를 똑바로 봐야 한다. 아내가 뭐라고 해도 마음이 단단하면 다 받아줄 수 있다. 몰래 산 로또가 1등에 당첨했다고 상상하자. 뭐든 받아줄 수 있지 않을까? 부처가 될 수 있지 않을까?

운동

빼빼 마른 체형이었다. 고등학교 졸업할 때 55킬로그램이었다. 웬만한 여자보다 허리가 가늘었다. 가장 작은 남자 바지가 28인치였다. 주먹 하나 정도가 남는다. 26인치가 맞았다. 26인치는 여자 바지라 다리 길이가 맞지 않는다. 많이 먹어도 살이 찌지 않았다. 마른 몸이 고민이었다. 운동은 죽기보다 싫어했다. 마른 몸이라 근력이 없고 허약했다. 운동은 체육 시간에만 했다. 축구를 가장 자주 했다. 짝수 팀과 홀수 팀으로 나눠 신나게 뛰었다. 나는 가장 움직임이 적은 수비수였다. 골키퍼 뒤에 아픈 사람처럼 앉아 있기도 했다.

운동을 싫어하던 내가 운동을 시작했다. 운동이 좋아졌다. 실연의 아픔 때문이었다. 첫사랑하고 3년을 같이 보냈다. 헤어지고 나서 집 안에만 있었다. 밥을 안 먹어도 배가 고프지 않았다. 거의 누워 있었다. 누우면 여러 가지 생각에 괴로웠다. 그러다 잠들었다. 몇 달을 그렇게 보내고 폐인이 돼가는 내가 한심했다. 집중할 일이 필요했다. 운동을 해보기로 했다. 스쿼시를 시작했다.

스쿼시는 5분만 해도 땀이 쫙 난다. 운동 강도가 세다. 제대로 고른 셈이었다. 운동하는 동안은 헤어진 여자가 생각나지 않았다. 강습 1시간은 길었다. 강사가 공을 주면 4명이 번갈아 달려가 쳤다. 몇 십 번을 반복하면 땀에 젖었다. 시계를 보면 겨우 5분 지났다. '이걸 한 시간 해야 한다고? 이미 체력이 바닥인데……' 30분이 지나면 숨이 턱밑까지 찬다. 가슴은 터질 것 같다. 눕고 싶어진다. 자존심 때문에 차마 눕지는 못하고 허리를 숙인다. 강사는 숙이지 말고 곧게 펴서 숨쉬기 운동을 하라고 한다. 바닥에 떨어진 공을 바구니에 주워 담는다. 이때가 쉬는 시간이다.

스쿼시의 매력은 소리다. '땅' 소리가 시원하다. 스트레스가 풀린다. 실연의 아픔이 잊히고 재미도 배웠다. 거의 1년을 하면서 자체 시합에도 참여했다. 시합은 성장의 촉진제다. 실력이 늘자 자만심이 생겼다. 개인 장비도 마련했다.

그때 누나가 수영을 권했다. 스쿼시를 하고 있다며 거절했다. 누나는 끈질겼다. 한 달만 해보라고 권했다. 돈도 대준다고 했다. 누나가 이겼다. 수영복과 수영모, 도수 물안경을 사줬다. 수영장도 등록해줬다. 수영을 거부한 이유는 따로 있었다. 어릴 적 무릎을 다쳐 흉터가 있다. 반바지도 입지 않았다. 흉터를 드러내야 하는 수영은 싫었다. 기우였다. 아무도 관심이 없다. 다들 수영만 할 뿐 몸을 궁금해하지 않았다. 첫날 수영복으로 갈아입었다. 민망했다. 얼른 물속으로 들어갔다. 강습이 시작됐다. 민망함은 바로 사라졌다.

수영은 스쿼시보다 힘들지 않았다. 온몸 운동이라 스쿼시처럼 한쪽 팔만 두꺼워지는 일도 없었다. 발차기부터 시작해서 숨쉬기, 손돌리기, 자유형, 배영, 평형, 접영을 차례로 배웠다. 옆의 옆 라인을 차지한 고급반은 멋지다. 물을 착착 가르면서 쭉쭉 앞으로 나아간다. 초급반이 자전거라면 고급반은 승용차다. 속도가 다르다. 접영은 예술이다. 인간이 저렇게 아름다운 자태를 뽐낼 수 있다니. 수영의 매력에 빠져들었다. 두 달째에는 접영을 배운다고 한다.

'벌써 접영? 아직 마음의 준비가 안 됐는데.'

한 사람씩 출발했다. 허우적허우적. 기세 좋게 출발했다. 고개가 물위로 나오지 않았다. 고개가 들리면 팔이 물위로 나오지 않는다. 앞으로 가는 건지 제자리에 있는 건지 모르겠다. 접영을 배운 첫날은 큰 좌절을 맛봤다. 꼭 멋지게 배우겠다고 다짐했다.

여섯 달째 고급반에 입성했다. 첫째 주자는 못 되고 남자들 맨 뒤에 섰다. 접영 자세가 엉성하지만 앞으로 나아가기는 한다. 오리발을 끼면 속도가 붙는다. 물살이 등뒤로 넘어가는 느낌이 짜릿하다. 물속에서 날아간다. 오리발 접영은 한 마리 새를 떠올리게 한다. 운동하는 맛을 제대로 알게 됐다.

오래 다니다보니 자연스럽게 수영 동호회에 들어갔다. 마라톤, 사이클, 인라인, 철인 3종, 다이빙 같은 운동을 즐기는 사람들이 모여서 그런지 소규모 모임이 많았다. 동호회에서 수영 대회에 참가하자고 한다. 바다 수영 대회였다. 시합은 성장의 촉진제다. 실력이 는다.

대회 연습을 했다. 뺑뺑이라는 말이 있다. 쉬지 않고 레인을 계속도는 방식을 말한다. 수영을 잘하는 사람도 어쩌다 하면 4바퀴도 힘들다. 한 시간 동안 뺑뺑이를 돌면 60바퀴를 돌 수 있다. 3킬로미터다. 수영 대회 때 도는 길이다. 강습에서 숨쉬기를 배우지만 그 정도로는 부족하다. '숨을 텄다'는 말이 있다. 힘들어도 숨을 제대로 쉴 수 있는 상태를 가리킨다. 물 밖에 있는 짧은 시간에 숨을 쉬어야 한다. 몸을 많이 움직이면 호흡이 빨라진다. 숨쉬는 시간이 길어진다. 수영은 이런 상황을 허락하지 않는다. 하고 싶어도 할 수 없다. 찰나에 숨을 쉬어야 한다. 찰나에 쉬는 숨으로 움직여야 한다. 호흡과 물의 리듬을 탄다. 숨 트기는 수영 초보를 벗어난 증거가 된다.

마라톤도 재미있는 운동이다. 완주할 때 기쁨이 크다. 대회에 여러 번 나간 동호회 회원이 꾀었다. 완주하면 상품이 있다는 말에 넘어갔다. 하프코스에 도전했다. 말이 하프지 서울을 관통하는 한강의 절반을 달리는 코스. 연습 없이 뛰면 몸에 무리가 간다. 꼭 연습을 해야 한다. 연습하면 누구나 할 수 있는 운동이 마라톤이다. 참가비가 있지만, 메달도 주고 사은품도 준다.

풀코스가 먼저 뛰고 하프코스는 나중에 출발한다. 중간 중간 플레이메이커가 있다. 노란 풍선에 시간을 표시하고 달린다. 노란 풍선을 따라가면 그 시간대에 골인할 수 있다. 한참을 달렸는데 고작 1킬로미터다. 계속 뛴다. 5킬로미터가 지나니 걷고 싶다. 10킬로미터를 통과하니 물과 바나나가 보인다. 먹는다는 핑계로 잠깐 멈춘다. 다시 달린다. 마의 구간은 16킬로미터다. 힘들다. 걷다가 뛰다가를 반복한다. 1킬로미터가 너무 멀다. 가도 가도 끝이 보이지 않는다. 1킬로미터마다 보이던 표지판도 없다. 풀코스는 아니지만 하프코스도 길다. 도착점이 보인다. 운동장 한 바퀴를 돌고 결승선을 통과한다. 2시간을 넘긴 기록이다. 동호회 사람들이 반긴다. 사진도 찍어준다. 완주 메달과 사은품을 받는다. 간단한 간식거리도 있다.

운동은 이렇게 생활의 일부가 됐다. 시간이 날 때마다 운동을 했다. 결혼한 뒤에는 계속하지 못했다. 아내는 운동에 취미가 없었고, 쉽게 포기했다. 아이가 태어나면서 운동은 사치가 됐다. 힘든 아내를 두고 혼자 즐길 수 없었다. 육아로 지친 몸은 운동을 떠올리지 못했다. 운동은 추억이 됐다.

점점 불어나는 몸무게와 뱃살. 아저씨가 돼간다. 결혼하고 살이 많이 쪘다. 우스갯소리로 똑바로 서서 고개를 숙이면 발가락이 보이지 않는다. 농담인 줄 알았는데 내 배가 그랬다. 운동을 하지 않으니 당연한 결과다. 운동을 다시 시작한 계기는 우연이었다. 어느 모임에서 연세 지긋한 분이 하루에 푸시업 10개를 해 근육이 생겼다고 했다. 점점 개수를 늘려 지금은 30개씩 한다고 했다.

'고작 그걸로 근육이?'

의심이 들었지만 눈앞에 근육이 보였다. 하루에 10개면 나도 충분히 할 수 있을 듯했다. 속는 셈치고 아침에 일어나자마자 푸시업 10개를 했다. 처음 며칠은 10개도 힘들다. 근육 운동을 한 적이 없으니 당연하다. 일주일 지나 개수를 늘렸다. 한 달을 채울 때쯤 30개까지 늘고 가슴도 단단해졌다. 이 성취감이 남다르다. 옷 벗고 거울 보면 달라진 내가 있다. 기분이 좋아 사진을 찍었다. 사진은 똑같다. 달라지지 않았다. 사진이 이상하다며 근육을 만진다. 달라져 있다.

바디 프로필이라는 낯선 단어를 알게 됐다. 검색하니 근육질인 남자와 여자의 사진이 바로 나온다. 길에서 받은 헬스장 전단지는 울퉁불퉁 근육들의 향연이다. 바디 프로필 사진들은 달랐다. 근육이 아름다워 보였다. 수영을 하고 나서 알았다. 운동한 몸은 아름다울 수 있다. 날씬한 몸도 운동을 하지 않으면 어딘가 아파 보인다. 운동한 몸은 어떤 옷을 입어도 멋지다. 건강하고 아름답다. 근육만 보이지 않고 몸 전체가 들어온다.

윗몸 일으키기를 추가했다. 하체가 부실하니 스쿼트도 시작했다. 이렇게 하나하나 더해졌다. 회사일도 자신감이 생겼다. 놓치던 부분도 더 챙기게 됐다. 스트레스도 줄었다. 수영과 마라톤도 성취감은 있다. 뭔가 해낸 사실이 뿌듯하지만 그것으로 끝이다. 근육 운동은 성취감이 전이된다. 푸시업 10개는 5초도 걸리지 않는다. 가슴이 단단해진다. 지금은 20개씩 3번 해서 60개를 한다. 중간에 잠깐 쉬어도 5분이면 충분하다. 윗몸 일으키기도 5분이면 끝난다. 워낙 부실한 하체라 스쿼트는 10분을 잡고 한다. 이렇게 20분 동안 운동을 하면 땀이 조금씩 난다. 정신이 맑아진다. 책도 잘 읽힌다. 회사에 도착해서 그날 해야 할 일을 점검한다. 하루치 운동을 마무리하듯이 일도 빨리 마무리하고 싶어진다.

9시 이후 금식에 도전했다. 운동 덕에 할 수 있다는 자신감이 전이될 듯했다. 할 수 있다고 생각했다. 하루하루 달력에 체크했다. 밤에는 자꾸 먹었다. 집에 돌아오면 저녁을 먹었는데도 배가 고팠다. 집 앞에 24시간 콩나물국밥집이 있다. 맛있고 양이 적어 밤에 먹기 좋다. 편의점에 들러 초콜릿도 먹었다. 분식집에서 쫄면도 시켰다.

외로움을 달래듯 속을 채웠다. 배고프면 못 참고 먹어댔다. 아무것도 안 먹고 들어오면 라면이 그렇게 당긴다. 망설이다가 양은 냄비를 꺼내 후다닥 끓여 먹었다. 컵라면이 있어 좋았다. 아쉬우면 밥도 말았다. 뱃살에 발가락이 가려질 수밖에 없었다. 술을 안 마셔서 그나마 다행이었다.

처음 며칠은 참기 힘들었다. 금식을 성공하는 날이 계속됐다. 2주째 들어서니 참을 만했다. 3주째는 음식이 생각에서 점점 멀어졌다. 뭐든 3주를 꾸준히 하면 습관이 만들어진다고 한다. 야식 금지가 습관이 된 모양이다. 콩나물국밥집도 그냥 지나칠 수 있게 됐다. 의지력에도 근육이 붙는다. 늘 작심삼일이던 사람이 3주나 참아냈다.

다음 도전 과제는 믹스커피 끊기였다. 여러 번 시도했다. 나는 담배를 피우지 않는다. 안 피워봐서 감히 얘기한다. 담배보다 끊기 힘든 버릇이 믹스커피다. 설탕으로 배고픔을 달랬다. 아침을 먹지 않고 출근하면 10시만 넘어도 배가 고프다. 이때쯤 믹스커피를 한 잔 더 마신다. 점심 먹고 믹스커피를 한 잔 마셔야 밥을 다 먹은 느낌이 든다. 오후 서너 시가 되면 '믹스 타임'이 있다. 이제 입이 달달하다. 퇴근하기 전에 한 잔 더 마시면 하루 일과를 마친 듯하다. 하루에 많을 때는 7잔을, 적을 때는 3잔을 마셨다.

건강 검진에서 당 수치가 높게 나왔다. 믹스커피가 원인이라고 할 수는 없지만 너무 많이 마신 듯해 뜨끔했다. 원두커피를 마시기로 했다. 달달하지 않아 믹스커피 대체품이 되지 않았다. 며칠 못 버티고 믹스커피의 세계로 돌아왔다. 새해가 돼 다시 도전했다. 며칠 뒤

달달한 끈적끈적함을 잊지 못하고 믹스커피로 돌아갔다. 주변 사람들에게 믹스커피하고 결별한다고 선언했다. 끊는 데 도움이 될 듯했다. 이별의 시간은 길어졌지만 효과는 없었다. 1년에 한 번씩 끊겠다고 다짐했으니 지금까지 적어도 열 번 넘게 시도했다. 믹스커피를 도저히 끊을 수 없었다.

운동이 가져온 전이 효과를 맛봤으니 이번에는 다르겠지 하면서 믹스커피 끊기에 도전했다. 9시 이후 금식보다 어려운 미션이지만 결과는 성공이다. 첫날은 믹스커피 생각이 간절했다. 한 잔은 괜찮겠지 하다가도 마음을 가다듬었다. 하루에 적어도 세 잔은 마시던 사람이 하루아침에 한 잔도 마시지 않았다. 믹스커피를 만지작거리다가 내려놓기를 몇 번, 물 한 컵을 떠와 마셨다. 달달한 믹스커피가 계속 생각났다. 가장 힘든 첫 주를 잘 참아냈다. 둘째 주도 힘들게 버텼다. 주변 사람들한테 알리기 시작했다. 믹스커피는 3주가 지나도 계속 생각났다. 옆에서 마시는 모습을 보면 나도 마시고 싶었다. 도저히 못 참을 때는 커피우유를 마셨다. 이렇게 9주를 넘겼다. 66일을 채웠다. 그동안 마신 커피우유는 3개였다. 믹스커피는 전혀 마시지 않았다.

66일을 채웠다. '공부 습관 66일 법칙'을 따라했다. 50일을 넘기면서 평온해졌다. 66일을 채운 뒤 마신 믹스커피는 두 잔이다. 한 잔은 명절 때 형수가 타준 믹스커피였고, 다른 한 잔은 테스트용이었다. 한 잔 마시면 계속 마시고 싶은지 시험했다. 달달함은 여전했지만 습관이 돼서 그런지 마시지 않아도 괜찮았다. 무엇보다도 입안이

텁텁해서 어색했다. 운동 효과가 전이된 걸까? 끊기 어렵던 믹스커피를 끊었다. 실패의 연속이었는데, 이번에는 성공이다. 꼭 운동 때문이라고 하기는 그렇지만 전혀 아니라고는 못하겠다.

공부를 잘하려면 재미있게 접근해야 한다. 운동을 하면 엔도르핀이 생긴다. 이때 공부를 하면 공부가 재미있게 느껴진다. 뇌를 속이는 셈이다. 그렇게 되면 집중이 잘되고 성적도 오른다. 운동은 의지력에 도움이 된다. 당이 주는 쾌락보다 엔도르핀이 주는 기쁨이 더 커서 믹스커피를 끊을 수 있었다. 운동이 좋다고 알고 있었지만, 이런 효과를 볼 줄은 몰랐다. 이제 어떤 것에 전이해볼까?

습관

상담 결과지는 충격이었다. 우울증, 불안증, 대인 기피증, 낮은 자존감…… 결과지를 가끔 다시 본다. 충격이 되살아난다. 자만 때문이었다. 짧은 시간 동안 100권 넘는 책을 읽었다. 인간학, 심리학, 철학, 역사, 자기 계발. 내 상태를 어느 정도 알게 됐다고 생각했다. 아주 겸손하게 중간 정도로 예상했다. 결과는 처참했다. 상담사도 표정이 심각했다.

상담사는 몇 가지 방법을 알려줬다. 코미디 프로그램을 보라고 했다. 봐도 웃기지 않았다. 최악의 상태였다. 텔레비전을 볼 시간도 많지 않았다. 아이들에게 텔레비전을 못 보게 하는데 나만 볼 수는 없다. 밀린 집안일 때문에 한가롭게 앉아 있지도 못한다. 개선 방법을 몇 개 더 알려줬지만 효과가 없었다. 당장 뭘 해야 할지 몰랐다. 살던 대로 살기로 했다. 계획을 세운 다음 뭔가 시도해보기로 했다.

상담하기 몇 달 전부터 단톡방이 생겼다. 그해 목표는 강의 듣기였다. 책은 한 달에 4권 정도 읽었고, 강연도 찾아 들었다. 딱 거기까지였다. 아는 데 그쳤다. 뭔가 공허해서 작은 강의를 찾아 들었다. 단톡방이 또 생겼다. '회사, 집, 회사, 집'에서 조금 넓어져 '회사, 집, 단톡방'이 됐다. 미션이 생겼다. 하루에 한 번 미션 수행 인증 숏을 올리면 된다. 코미디 보기보다 도움이 됐다. 작은 성공을 맛보는 경험이 도움이 됐다. 침대에 누우면 우울함과 외로움이 가슴을 짓눌렀는데, 어느 순간 이런 감정이 사라졌다. 미션 수행에 바빴다. 우울할 시간이 없었다.

처음은 플래너방이었다. 늘 놓치고, 빠트리고, 실수가 많아 아내에게 잔소리를 들었다. 고치고 싶었다. 플래너가 떠올랐다. 플래너를 쓰기 전에는 머리로 기억하다가 생각나면 했다. 책상에는 종잇조각이 어지럽게 놓여 있었다. 마구잡이로 쓴 메모는 언제 왜 썼는지 알 수 없었다. 하루 할 일을 겨우겨우 해치우며 살았다.

플래너 덕에 책상을 정리했다. 그날 있을 일을 미리 적기만 해도 많은 도움이 됐다. 실수도 줄어들었다. 잦은 실수는 기억을 너무 믿은 탓이었다. 적는 행동만으로 머릿속 메모리를 비울 수 있었다. 하루에 있을 일을 미리 적고 그 일을 수행할 시간을 정하면 된다. 약속을 잡을 때면 언제 어디서 만날지 결정하고 기록한다. 그때까지는 잊고 살아도 된다. 이런 메모는 전에도 하고 있었다. 어디에 뭘 썼는지 모르니 제대로 되지 않은 뿐이었다. 플래너 덕에 하루가 단순해졌다. 찾고 싶을 때 찾고 알고 싶을 때 알 수 있었다.

플래너를 쓸 때는 자기만의 철학을 먼저 세운다. 사명서라고 한다. 사명서를 적고 목표를 정한다. 장기 목표, 연간 목표, 하루 할 일과 리뷰, 구체적인 계획 등을 적어야 한다. 매일 적기와 매일 보기가 가장 중요하다. 처음에는 혼자 하려 했다. 벌금이 부담스러웠다. 방장이 강하게 권유해 마지못해 참여했다. 혼자 할 때보다 나았다. 집단의 힘이 필요하다. 벌금은 자극이 된다. 혼자 하면 나태해지기 쉽다. 하루 일과와 리뷰, 월간 일정만 적는데, 많은 도움이 된다. 일이 몰릴 때 정리하기 좋다. 빠진 것 없이 할 수 있다. 플래너는 늘 옆에 있어야 하고, 필요할 때 바로 적어야 하고, 책상에 항상 펼쳐놓아야 한다. 늘 봐야 놓치지 않는다. 잘 적어두고 보지 않으면 어지럽게 놓인 종잇조각하고 다르지 않다.

다음은 독서방이다. 독서는 이미 열심히 하고 있으니 그리 부담되지 않았다. 속독법 강의를 들은 뒤 읽고 싶은 책이 많아졌다. 하루에 한 권을 읽어도 부족했다. 속독법으로 읽기 시작했다. 하루에 한 권이나 두 권을 읽게 됐다. 원하는 대로 됐다. 한 달에 20권을 읽는다고 하면 사람들이 놀라운 눈으로 바라본다. 대충 본다고 사실대로 말하면 겸손하다고 받아들인다.

정말 대충 봐서 기억에 남는 내용이 거의 없다. 잊지 않으려고 한두 줄 적는 게 전부다. 속독은 아는 만큼 보인다. 읽은 내용을 기억할 수 있는 속독을 하려 했다. 텔레비전에 나오는 속독하는 사람은 정독하듯이 내용을 거의 다 기억하는데, 나는 그 정도까지 못 갔다. 지금은 나한테 맞게 속독과 정독을 구분한다. 정독할 가치가 있는 책인지를 확인하는 데 속독이 필요하다. 지식을 넓히려면 정독을 해야 한다. 좋은 책을 두세 권 읽는 쪽이 빠르게 100권 읽는 쪽보다 낫다.

지금은 정독으로 일주일에 2권 정도 읽는다. 이렇게 쌓인 지식은 알게 모르게 도움이 된다. 아내는 내가 자만 덩어리라고 말한다. 내가 봐도 가끔 그렇다. 책 덕분에 자만에서 벗어나고 있다. 아내는 똑같다고 하지만 나는 조금 내려놓은 듯하다. 책은 생각하게 이끈다. 생각은 질문하게 만든다. 질문은 공감할 수 있게 한다.

또 하나는 습관방이다. 아무 습관이나 올리면 된다. 손 그림을 올리는 곳이 여기다. 처음에는 아무 생각 없이 따라 그렸다. 아무 의미 없는 그냥 그림이다. 그러다 의미를 부여하기 시작했다. 책 내용이나 하루 일과에서 소재를 찾았다. 오징어가 마르는 소리가 들릴 만큼 무미건조한 삶이었다. 똑같은 하루를 살았다. 그릴 소재를 찾느라 하루를 되새김질한다. 하루가 달라 보인다. 똑같은 하루는 없다. 찬찬히 보면 다른 점이 드러난다. 혼자 피식하면서 그린다.

그릴 소재를 찾으면서 하루를 되돌아보게 됐다. 아침에 일어나서 뭘 했지? 어떤 생각을 했지? 오늘 커피 타임에 뭔 말이 오갔지? 퇴근길에는 무슨 일이 있었지? 회의 분위기는 어땠지? 상황 속으로 들어간다. 손 그림을 그리기 전에는 똑같은 출근, 똑같은 퇴근, 똑같은 회의였다. 손 그림은 획일화된 내 생각을 여는 데 도움이 됐다. 같지만 다르다. 이런 과정은 아주 작은 행복이 됐다.

독서 단톡방과 습관 단톡방은 응원의 한마디를 적는다. 형식적인 말일 수 있다. 영혼 없는 덕담일 수 있다. 이 한마디에 힘을 얻었다. 낮은 자존감을 회복하려고 작은 성공을 반복했다. 그런 덕인지 외롭다는 생각이 없어졌다. 진심이 없는 말이 무슨 도움이 될까 의심했지만 효과는 컸다. 가끔 진심을 담은 한마디에 감동한다. 아내에게 인정받고 싶었다. 나를 인정해주는 말을 들어본 적이 없다. 타박이나 안 하면 다행이다. 인정에 목마른 나한테 응원의 한마디는 잔잔한 파문을 일으켰다.

운동, 독서, 플래너, 손 그림이 습관으로 자리잡았다. 야식 금지와 믹스커피 끊기도 있다. 사명서는 없지만 작은 반복과 성공을 맛보는 중이다. 별거 없다. 안 해도 그만이다. 하루가 크게 달라지지 않는다. 작은 일들이 쌓이니 변화가 시작됐다. 마음이 편안해진다. 내 침대에 같이 누워 있던 외로움이 사라졌다. 밤길을 걷다가 가로수를 봐도 우울하다는 생각이 들지 않는다.

낮은 자존감에도 변화가 일어났다. 절대 실수를 인정하지 않았다. 잘못된 일은 모두 윗사람 책임이라고 몰았다. 실수를 인정하게 됐다. 사람을 만나면 손을 만지작거리는 불안증도 없어졌다. 가끔 본받고 싶은 사람에게 인터뷰를 요청한다. 삶을 배우고 싶어 이것저것 물어본다. 인터뷰 내내 손을 만지작거리는 습관이 있었는데, 어느 순간 사라졌다. 다른 사람은 모르고 나만 느끼는 변화다.

그날 하루 습관을 수행하면 습관 달력에 동그라미를 친다. 쌓이면 보기 좋다. 달력에 꽉 찬 동그라미가 기분을 좋게 한다. 작지만 성취감이 있다. 아무것도 아닌 일에 스스로 대견해진다.

어떤 행동이 습관으로 자리잡는 데 3주는 필요하다. 9시 이후 금식이 대표적이었다. 습관이 됐다고 자만하면 말짱 도루묵이 되기 쉽다. 요요가 온다. 밀가루 끊겠다고 다짐하고 3주 동안 열심히 했다. 밀가루 3주 금식에 성공한 뒤 나태해져서 관리하지 않았더니 원상태가 됐다. 완전한 습관으로 자리잡으려면 66일 동안은 지속해야 한다. 같은 시간과 같은 행동을 3주 유지하고 66일 동안 자리가 잡히면 우리의 뇌는 몸을 먼저 움직이게 한다. 악마의 유혹 믹스커피는 50일이 넘으면서 생각나지 않았다.

가끔 자기가 무엇을 좋아하는지 모르겠다고 말하는 사람을 만난다. 내 고민이기도 하다. 나는 무엇이든 시작해보라고 권한다. 될 수 있으면 운동을 하라고 말한다. 운동이 주는 전이 효과는 대단하다. 몸이 건강해야 다른 일을 할 수 있기 때문이다. 의도하고 다른 결과를 얻을 수 있다. 손 그림이 그림 실력을 늘리기보다는 내면의 소리를 듣게 하듯 말이다. 일단 뭐든 해보라고 권한다. 뭐라도 해서 습관으로 만들어야 한다. 남들은 모르지만 달라지는 나를 느낄 수 있다.

결국 사람

프로그램 개발 방법론과 건축은 비슷한 면이 많다. 건축에서 쓰는 방식을 가져와 발전시킨 때문이다. 무형인 소프트웨어와 유형인 건축이라는 대상을 다루면서 다르게 발전했다. 둘 다 사람에 의존한다. 사람이 주로 하는 일이고, 당장 눈에 보이지 않으니 리스크가 커진다. 예상보다 일정이 늦어지기 쉽다. 잘되면 자기 탓이고, 잘 안 되면 남의 탓이다. 리스크는 돈에 직결된다. 리스크 관리법도 여러 가지다. 개발 방법론은 점점 진화한다. 성공적인 개발 프로세스는 유행을 타고 여러 기업이 모방한다. 교육 프로그램으로 만들어지기도 한다. 한번은 관심이 가는 개발 프로세스 교육을 들었다. 3일 일정인데, 개론만 설명하는 데도 벅찬 시간이었다. 숙제를 잔뜩 안고 왔다. 마지막 날 강의하는 교수가 말했다.

"결국 사람입니다."

프로세스가 아무리 좋아도 마음이 맞지 않으면 좋은 결과를 낼 수 없다. 관리자 시각에서 프로젝트 진행 과정을 보면 확실해진다. 팀원끼리 호흡이 잘 맞으면 프로세스는 그리 중요하지 않다. 자기 할 일만 하는 팀원이 많을 때, 회의에서 부정적인 언행이나 질책이 많이 나올 때, 결과는 뻔하다. 서로 잘못만 탓한다.

관리자는 잘 소통할 수 있게 해줘야 한다. 관리자가 제구실을 못 하면 프로젝트는 힘들게 진행된다. 관리자는 팀원이 코끼리 다리를 만지는지 건축물의 돌기둥을 더듬는지 명확히 말해야 한다. 목표를 공유해야 한다. 자기가 뭘 하고 있는지 모르면 삐거덕거리기 쉽다.

인생 최고의 반면교사 K부장은 프로젝트에 무관심했다. 일이 어떻게 돌아가는지 알려 하지 않았다. 목표도 공유하지 않고 마감일만 챙기는 관리자였다. 결과는 당연히 좋지 않았다.

칼과 방패가 든 채 칼로 막고 방패를 휘두르는 꼴이다. 달라질 수 있었다. 자기가 놓인 처지나 프로젝트를 둘러싼 상황을 공유해야 했다. 실패한 프로젝트가 되살아난 이유라도 알려줘야 했다. 집중도를 높이고 불만을 줄일 수 있었다. 나도 프로젝트 내용뿐 아니라 K부장의 상황을 알아야 했다. 프로젝트가 아니라 사람으로 접근해야 했다. '왜' 또는 '어떻게'라는 질문만 했어도 K부장은 인생 최고의 반면교사가 되지 않을 수 있었다.

말하기 편한 사람이 있다. 이런 사람은 말이 술술 나온다. 어떤 사람은 한마디 한마디가 조심스럽다. 비판적인 얘기가 뒤를 잇기 때문이다. 술술 풀리는 사람은 좋지 않은 얘기를 해도, 자존심을 건드리는 말을 해도 해석이 남다르다. 유머로 승화시킨다. 조심스러운 사람은 좋은 얘기를 해도, 칭찬을 해도 곱씹는다.

J차장이 예정보다 일찍 일을 마쳐서 칭찬했다.

"예정보다 일찍 끝내고, 대단하세요."

"기본이지. 경력이 괜히 있는 게 아니야. 보는 눈이 다른 거지."

칭찬 한 번 더 하고 자리를 피했다. 불편했다. 좋은 사람하고 대화하는 데는 기교가 필요 없다. 웃어주기만 하면 된다. 조심스러운 사람에게는 기교가 많이 필요하다. 나 같은 사람은 도를 닦아야 가능한 일이다. 반어적인 말을 많이 쓰고, 권위적이고, 자기 말이 우선이고, 비난과 방어가 일상인 사람은 피하고 싶어진다. 같이 대화하면 나도 부정적인 사람이 되는 듯하다. 우리는 많은 사람들하고 같이 산다. 마음에 맞는 사람이 있는가 하면 그렇지 않은 사람도 있다. 좋은 사람만 만날 수는 없다. 마음에 맞지 않는 사람을 만나 이야기꽃을 피울 줄 아는 내공을 키워야 한다. 어떻게 키울 수 있을까.

텔레비전 강연 프로그램 〈세상을 바꾸는 시간, 15분〉에 대학생처럼 보이는 사람이 나왔다. 젊은 강연자는 낯설었다. 어떤 얘기를 할까 궁금했다. 세계 여행을 하면서 글 쓰고 그림 그리는 여행 작가였다. 15분짜리 강연은 흥미로웠다.

마다가스카르로 가는 길. 배가 또 연착했다. 어떤 아저씨에게 어디를 가는지 묻다가 앞에 서 있는 아줌마와 옆에 있는 아이하고도 같이 이야기하게 됐다. 한참을 떠들다가 배가 고파 샌드위치를 사러 갔다. 샌드위치를 집어 들다가 같은 배를 기다리는 사람들이 생각났다. 혼자만 먹을 수 있는 샌드위치를 살 돈으로 초코바를 여러 개 사서 나눠줬다. 목적지에 내리자 같이 온 사람 한 명이 말을 걸었다.

"아까 들어보니 숙소를 못 구한 모양인데, 성수기라서 방이 없을 거야. 우리집에 가서 잘래?"

며칠 동안 그렇게 바네사네 집에 머물다가 떠날 때 물었다.

"나는 배에서 내린 뒤에 너를 처음 봤는데, 너는 왜 나한테 이렇게 잘 대해준 거야?"

"아니야. 그때 처음 만난 게 아니야. 배가 연착할 때 네가 사람들하고 이야기하고 초코바를 나눠주는 모습을 지켜보고 있었어. 너는 좋은 향기가 나는 사람이야."

좋은 향기가 나는 사람? 누구에게 잘 보이려고 한 일은 아니었다. 강연자가 살아온 삶이 작은 행동 하나에 배어 나왔다. 보는 사람을 웃음 짓게 하는 향기였다.

나는 어떤 향기가 날까? 어떻게 하면 좋은 향기가 나는 사람이 될까? 주변 사람들을 관찰했다. 어떤 사람은 가만히 있어도 사람들이 모여들고 어떤 사람은 늘 혼자 다닌다. 어떤 사람은 장난기가 얼굴에 가득하고, 어떤 사람은 인상을 쓴다. 어떤 사람에게서 좋은 향기가 나는지 살펴봤다. 보고만 있어도 웃음 짓게 하는 사람은 조금 다른 뭔가가 있었다. 당장 인터뷰를 신청했다. 좋은 향기가 나는 사람을 만나 이야기하면 웃음꽃이 핀다. 주고받는 대화가 즐겁다.

주말에는 다음주에 먹을 반찬을 만든다. 자꾸 하니까 음식을 잘하게 됐다. 처음에는 밥과 라면만 할 줄 알았다. 세상에서 가장 어려운 음식은 된장찌개로 알고 있었다. 여러 가지 재료가 들어가고 끓이는 사람마다 맛이 다르기 때문이다. 자취 생활을 하면서 할 수 있는 음식이 늘었다. 요리책도 샀다. 몇 번 연습하니 할 수 있는 음식이 더 늘었다. 된장찌개는 기본 중의 기본이라는 사실도 알았다. 처음 시도하는 음식은 난이도가 낮아도 하기가 어렵다. 궁금증도 생긴다. 책에 나오는 그림처럼 되지 않기 때문이다. 똑같이 조리를 해도 어느 때는 맛있고 어느 때는 맛이 없다. 하라는 대로 했는데 말이다.

셰프들의 현란한 손놀림은 먹방을 불러온다. 그 정도는 아니어도 내가 만든 음식이 내 입맛에 맛있기를 바랐다. 경험이 쌓이면서 비법 하나를 알았다. 육수다. 어떤 육수를 쓰느냐에 따라 맛이 달라졌다. 기본 육수에는 멸치, 다시마, 새우를 넣었다. 북어를 넣어 조금 변화를 줬다. 여전히 맛은 그때그때 다르다. 무엇이 문제인지 더 알아봤다. 힌트는 요리 서바이벌 프로그램에서 얻었다.

'좋은 재료가 좋은 요리를 만든다.'

재료의 차이가 맛의 차이를 가져왔다. 재료가 좋으면 아무렇게나 해도 맛있다. 재료가 부실하면 온갖 양념과 기교가 필요하다. 음식 하는 사람의 진짜 실력은 나쁜 재료를 가지고도 좋은 재료로 조리한 음식처럼 맛있게 만들 때 드러난다.

음식과 사람은 비슷한 면이 있다. 좋은 사람은 같이 있으면 흥이 나고, 에너지가 생기고, 기분이 좋아진다. 그렇지 않는 사람은 부정적이 되고, 같이 우울해지고, 걱정거리가 많아진다. 좋은 사람은 말이 필요 없다. 그렇지 않은 사람은 온갖 수단이 필요하다. 어르고, 달래고, 공감하고, 들어줘야 한다. 사람은 음식하고 다르게 시간과 상황에 따라 변한다. 어떤 때는 좋은 사람이다가 어떤 때는 못된 사람이 된다. 생각해본다. 내가 그 사람의 일부분만 보고 있지는 않은지.

코끼리의 다리만 만지고 있지는 않은지.

달의 뒷면을 보려면 어떻게 해야 할까. 관찰, 질문, 경청, 공감이 모범 답안이다. 몇몇 사람을 인터뷰하고 얕은 지식을 얻었다. 누구나 좋은 기질이 있었다. 평소에 나쁘게 보이는 사람도 좋은 기질을 지니고 있다. 다만 이 기질이 많이 나타나지 않을 뿐이다. 나보다 10살 어린 K대리에게 물었다.

"사람들이 늘 주변에 있고, 웃는 모습도 많이 보이고, 즐겁게 사는 것 같아요. 어디서 그런 기운이 나와요?"

"음, 그냥요!"

하던 대로 했다고 대답했다. 샌드위치 대신 초코바를 산 사람처럼.

어느 모임에서 옆자리에 앉은 사람하고 이야기를 하게 됐다. 네트워크 마케팅을 하는 사람이었다. 처음 들어본 단어라 궁금해서 자세히 알려달라고 말했다. 아무리 좋게 생각해도 다단계였다. 그 사람은 다단계하고는 다르다면서 핏대를 세웠다. 모임이 끝나고 나서 검색을 해봤다. 내 생각은 바뀌지 않았다. 그 사람은 자기가 하는 일을 제2의 직업으로 가져보라고 권했다. 시간이 되면 자세히 설명하겠다고 했지만 거절했다.

"저도 독립할 계획은 있지만, 제가 추구하는 방식과 제안해주신 방식은 거리가 있습니다. 제안해주셔서 고맙기는 하지만, 저는 제 나름대로 준비하겠습니다."

"기분 나쁘지 않게 거절해줘서 고마워요. 좋은 사람이군요."

버킷 리스트

변화는 아이 덕분이었다.

"니네 아빠, 게임만 한다며?"

이런 말을 들을 아이를 생각하니 좋아하는 게임을 계속할 수 없었다. 게임을 끊으니 막연하게 생각하던 책을 집어 들 수 있었다. 읽은 책이 한 권이 되고 두 권이 되더니 그해 목표를 채웠다. 뿌듯했다. 점점 재미를 알게 됐다. 이 좋은 것을 왜 이제야 알았을까. 게임을 하며 보낸 시간이 너무 아까웠다. 한 살이라도 어릴 때 책 읽기를 시작할 걸 그랬다. 지금이라도 깨달아서 다행이다.

책은 마력이 있었다. 하고 싶은 일이 하나둘 늘어났다. 꿈을 꾸게 됐다. 꿈은 어른이 되면 없어진다고 생각했다. 되고 싶은 게 없었다. 취직하고, 아이 낳고, 잘 키우는 게 삶의 전부였다. 생각이 바뀌었다. 꿈은 어른이 돼야 비로소 꿀 수 있다. 꿈을 구체화할 수 있다.

마음속으로 딴 생각을 품으며 회사를 다녔다. 나만의 멋진 아이디어를 이 회사에서 시도하고 싶지는 않았다. 잘해야 조금 오르는 연봉이 전부였다. 멋진 아이디어를 구체화할 준비를 하고 있었다. 타이밍을 못 잡은 채 아이디어로 머물고 있었다.

새로운 대표가 왔다. 얼굴에 호기심이 가득했다. 늘 웃고 있었다.

아침 7시에 출근했다. 자기는 습관이 돼 일찍 온다고 했다. 신경쓰지 말고 편하게 출근하라고 했다. 야근하면 당연히 늦게 와야 한다고 했다. 취임한 지 며칠 되지 않았으니 좋게 이야기한다고 생각했다. 자기가 일찍 출근하면 다른 사람도 그렇게 하기를 바라는 게 사람 마음이라고 생각했다. 나중에 출근 시간으로 압박할 듯했다.

새 대표는 길게 만나지 못했다. 반년 정도 같이 지냈다. 첫인상은 오해였다. 얼마 동안 분위기를 파악하더니 어느 날 커다란 전지 두 장이 벽에 붙었다. 회사에 바라는 일을 포스트잇에 적어 붙이라고 한다. 기한은 3일이었다. '버킷 리스트'였다. 개인적인 욕심을 적어도 된다고 했다. 원하는 건 무엇이든 적으라고 했다. 첫날은 아무도 붙이지 않았다. 먼저 하나 붙였다. 다음날이 되자 몇 장이 더 붙었고, 한쪽은 휑했다. 또 붙였다. 사흘이 지나자 벽에는 색색의 포스트잇 꽃이 폈다.

전체 회의 시간이었다. 우리가 붙인 포스트잇이 대표 뒤에 붙어 있었다. 인사말을 끝낸 대표가 버킷 리스트를 천천히 바라본다. 이 회사에서 버킷 리스트는 두 번째였다. 나를 입사하게 해준 이전 대표도 의욕이 넘쳤다. 그때는 버킷 리스트 자체로 만족했다. 같이 해보자는 의지를 모으는 데 충분했다. 새 대표가 포스트잇을 하나하나 소리 내어 읽었다. 한 번 다 읽고 다시 읽었다. 하나를 떼서 경영지원팀에 건넸다. 다시 한 번 쭉 보더니 하나를 더 골랐다.

'한 달에 한 번 점심시간을 두 시간으로.'

'한 달에 한 번 5시 퇴근하기.'

"돈 들어가는 일이 아니니까 바로 실행하죠. 급여일에는 5시에 퇴근합시다. 매달 세 번째 목요일 점심시간은 2시간으로 합시다."

그 자리에서 버킷 리스트가 실행됐다. 모두 환호했다. 그 두 버킷 리스트를 쓴 사람에게 고마워했다. 새 대표는 다른 시도도 했다. 일, 가족, 회사에 원하는 목표를 적게 하고 메모지는 각자 갖고 있게 했다. 내가 무엇을 위해 일하는지 일깨워주는 듯했다. 월요일마다 하는 '3분 스피치'도 생각을 공유하는 방법이었다. 회사에 활기가 돌았다.

칙칙하던 분위기가 바뀌기 시작했다. 활기를 불어넣는 대표 덕에 장밋빛 미래를 기대했다. 나도 마음이 바뀌기 시작했다. 좋은 아이디어를 이 회사에서 현실화하고 싶어졌다. 새 대표라면 나한테 돌아오는 게 없어도 즐겁게 일할 수 있을 듯했다. 그러던 어느 날 대표가 사표를 냈다. 대주주가 구조 조정을 요구했다는 소문이 돌았다.

짧은 시간이지만 대표에게서 영향을 받아 버킷 리스트를 만들었다. 보고 싶은 책, 만나고 싶은 사람, 봐야 할 영화 등 사소한 것까지 적었다. 회사하고 집만 오가던 삶이 바뀌었다. 하고 싶은 일이 생겼다. 마흔을 이렇게 힘들고 고통스럽게 시작한 이유는 성숙하지 못한 탓이다. 많은 신호가 있었다. 다르게 대처하는 방법이 있었다. 슬기롭게 풀어가지 못해 지금 이런 결과가 나타났다.

인문학에 눈길이 갔다. 사람들이 어떻게 살아가는지 궁금했고, 무엇 때문에 갈등이 생기는지 알고 싶었다. 책 속의 인문학은 다른 세상이 있다는 사실을 알려줬다. 사람들에 관한 갈증이 심해졌다. 심리학 책을 읽기 시작했다. 철학 책을 봤다. 역사가 궁금해졌다. 민

주주의의 탄생, 사회주의의 출현과 붕괴 등 초점을 나에서 주변으로 넓혔다. 초점을 넓히니 갈증이 더 심해졌다. 두 사람의 관계에서 단체로, 단체에서 공동체로, 다시 나라로. 인문학의 바다는 넓었다.

"머리로 이해하면 뭐해. 가슴으로 이해해야지."

아내가 한 말처럼 지식이 가슴으로 내려오지 않았다. 아내는 내가 없는 시간과 공간에서 최선을 다한다. 때로는 집안일도 거든다. 가끔 고맙다고 말한다. 이런 일들이 눈에 보이지 않는다. 들리지 않는다. 머리로 아내의 고뇌를 이해해도 마음은 그렇지 않다. 인문학도 결국은 사람을 향한 사랑이다. 머릿속 지식이 가슴으로 내려올 수 있게 노력하는 중이다. 사랑은 나 자신부터 시작하기로 했다. 좋아하는 일이 없으니 마음대로 그릴 수 있다. 이것저것 마구 시도했다. 누군가 말했다.

"하다보면 재미있어진다."

백 퍼센트 공감한다. 그림 그리기, 메모하기, 운동, 독서, 에스엔에스였다. 해보니 재미있다. '소확행'은 힐링이 됐다. 운동은 특히 영향이 크다. 작은 노력으로 맛본 성취감은 남다르다. 다른 습관으로 전이된다. 학교 다닐 때 역사와 경제는 바닥에서 놀았다. 맞은 개수를 세는 쪽이 더 빨랐다. 지금은 그토록 싫어하던 역사 이야기가 들린다. 자신감이 생겼다. 운동에서 얻은 좋은 에너지를 바탕으로 버킷리스트가 늘어났다. 책 출간하기, 일상에 도움 되는 앱 만들기, 강의하기, 몸짱 되기, 가족 유럽 여행 가기, 동기 부여하기 등이다.

우울한 채 게임만 하던 때에 견주면 달라진 내 모습이 마냥 신기하다. 아무 의욕 없이 하루하루 그냥저냥 살던 오징어가 노력을 한다. 잘살고 있는지 알고 싶으면 일 년 전의 나와 지금의 나를 비교하면 된다. 결혼 10년, 한 해 한 해 비슷했다. 지금은 다르다. 작년하고 올해가 다르다. 내년은 또 달라질 테다. 책이 시작이었다. 운동이 윤활유 구실을 했다. 플래너가 소통의 씨앗을 심었다. 손 그림이 치유였다. 습관의 힘으로 우울증을 이겨냈다. 7종 세트에서 벗어났다.

자신감이 생겼다. 초등학생 수준의 그림을 보고 힐링이 된다는 말에 고마웠다. 그저 내 생각을 말했는데 그토록 듣고 싶던 '좋은 사람'이라는 이야기를 들었다. 나 자신에게 집중했다. 그렇게 만들어진 버킷 리스트는 새로운 삶의 지침이 되고 있다. 아직 배울 게 많다. 대표님이 보여준 동기 부여를 나도 하고 싶다. 무료한 사람에게 의욕을 불어넣고 싶다. 자기가 좋은 사람이라는 사실을 알게 해주고 싶다. 오늘도 책 읽고, 그림 그리고, 운동한다.

둘째가 물었다.

"아빠! 개인기가 뭐야?"

"음, 자기가 잘하는 거! 그런데 개인기는 어디서 들었어?"

"애니메이션에서."

"네 개인기는 뭐야?"

"달리기."

"누나는?"

"게임."

"아빠는?"

"설거지."

"엄마는?"

"카톡."

카톡만 하던 아내가 이상해졌다. 늘 도끼눈이던 시선이 달라졌다. 으르렁거리던 아내가 달라졌다. 1미터 접근 금지도 무시되고 있다. 여전히 퇴근 뒤에 집안일을 해야 하지만 횟수는 줄었다. 주말에 내가 음식을 하고 있으면 소파에서 핸드폰만 보던 사람이 이제 청소를 한다. 가끔 내가 늦잠을 자면 아이들 아침밥을 차린다.

아내가 바뀌고 있다. 아직 죽을 날이 한참 멀었는데 말이다. 아내는 늘 그대로 있는데 아내를 보는 내 마음만 바뀌었는지도 모른다. 가장 어려운 일이 일어나고 있다. 사람이 바뀌고 있다.

"한번 써봐"

종교인은 아니지만
산티아고 순례길을 걷고 싶다.

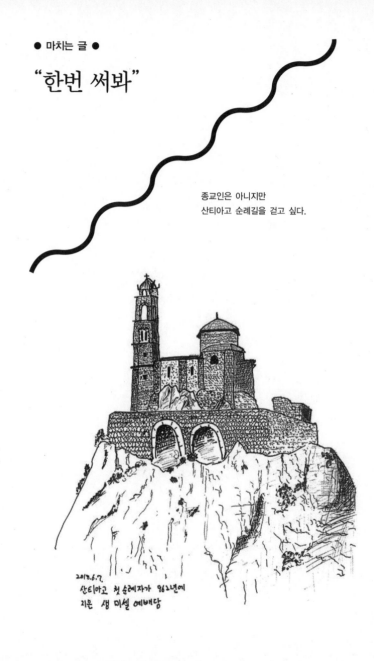

2013.6.7.
산티아고 첫 순례자가 962년에
지은 생 미셸 예배당

시작은 단순했다. 아내가 건넨 한마디였다.

"당신은 말은 못해도 글은 잘 쓰니까 한번 써봐."

싸우다가 나온 말이었다. 곱게 들리지 않았다. 비아냥거리는 듯해서 오기로 시작했다. 아내와 나 사이에는 일이 많았다. 책을 쓰면 열 권도 넘는다. 그동안 쓴 반성문을 합치면 분량은 더 늘어난다. 하고 싶은 말이 많고 많았다. 아내에게 보여주고 싶었다. 억울함을 호소하고, 모든 잘못은 아내에게 있다고 큰소리치고 싶었다.

무작정 썼다. 마음먹고 읽은 책 40권이 도움이 되리라는 생각에 패기 있게 시작했다. 날마다 썼다. 3주째부터 글감이 없어졌다. 과거를 찾아 헤맸다. 추억을 뒤졌다. 사라져가는 기억을 붙잡았다. 없었다. 사건은 기억나지 않고 기분 상한 마음만 떠오를 뿐이다. 2주 동안 쓴 글을 봤다. 스무 꼭지에 60쪽이었다. 더는 쓸 말이 없었다. 노트를 덮었다. 글은 아무나 쓰는 게 아니었다.

블로그를 다시 시작했다. 아는 사람이 블로그에 쓴 재치 있는 글에 반했다. 다음 포스팅이 기다려졌다. 몇 날 며칠을 그렇게 보내다가 유독 눈에 들어오는 글이 있었다. 책을 리뷰하고 저자를 만난 내용이었다. 그 저자는 책을 쓰라고 권했다. 날마다 쓰라고 했다. 본질을 쓰라고 했다. 쓸 말이 없으면 없다고 쓰라고 했다. 무엇이든 하루에 한 줄이라도 쓰라고 했다. 이 포스팅을 보고 난 뒤 덮어둔 노트를 열었다. 두 번째 도전을 시작했다.

노트에는 원망만 가득했다. 본질이 없었다. 본질을 쓰려고 하니 글감이 몇 개 떠올랐다. 자신감도 같이 떠올랐다. 또 하나가 함께 떠오른다. 두려움이다. 과연 책이 될까? 내 얘기를 누가 읽기라도 할까? 책은 잘난 사람만 낸다고 생각했다. 심리학자, 철학자, 소아 정신과 의사까지 이름만 들으면 알 만한 유명 인사들이 쓴 책을 읽었다. 나는 그런 사람들에 견줄 만한 지식과 경험이 없다.

아버지 덕에 용기를 얻었다. 아버지는 예순이 거의 다 돼 운전면허증을 땄다. 시험장에서 최고령 수험자였다. 첫 시도에 바로 합격했다. 면허증에 도전한 사연을 들었다. 읍내에 경운기를 끌고 오는 사람이 자기뿐이라고 한다. 다른 사람들처럼 느린 경운기를 트럭으로 바꾸고 싶었다. 면허증을 딴 아버지는 곧바로 트럭을 샀다.

다음날 아버지는 오랜만에 대구에서 올라온 아들에게 운전을 가르쳐달라고 했다. 주행 시험이 필수가 아닌 때였다. 혼자 운전하기가 겁난다고 했다. 운전에 자신감이 있을 때라 좋다고 했다.

아버지가 운전대를 잡았다. 트럭은 천천히 움직였다. 너무 천천히 움직였다. 속이 터질 지경이었다.

"아버지, 더 밟아도 돼요."

천천히 움직인다.

"아버지, 더요. 더 밟아요."

엔진 소리만 커진다. 참다못해 몸을 숙여 손으로 아버지 발을 눌렀다. 빨라지지 않았다. 연습을 끝내고 집에 와 아버지가 말했다.

"등에 땀이 나서 뭐라고 하는지 하나도 안 들려."

맞다. 나도 처음 운전대 잡을 때 등에서 식은땀이 났지. 앞도 제대로 보이지 않고, 맞은편에서 오는 차도 크게 보이고, 뒤따라오는 차는 비켜줘야 하고, 큰 차가 옆에 오면 차가 흔들리는 듯했다. 고수가 된 뒤 초보 때 기억을 까마득하게 잊고 있었다.

읽은 책이 많아졌다. 1년에 한 권도 읽지 않던 사람이 100권을 읽는다. 아는 게 많아졌다. 깨달음도 얻었다. 이 과정을 그대로 책에 옮기고 싶었다. 기억력이 허락하는 한도 안에서 모든 것을 끄집어냈다.

옆 단지에 사는 차장님이 있다. 이분도 나하고 비슷하다. 아내하고 소통이 없고, 감정을 제대로 전달하지 못한다. 점심을 같이 먹으면서 서로 아내 험담을 한다. 분한 감정을 털어놓는다. 하루는 아내에게 옆 단지 차장님 이야기를 하니 부부 모임을 해도 괜찮다고 한다. 절대 이 둘을 만나게 하면 안 된다. 정말 죽을 수도 있다. 차장님은 내 이야기를 들으니 자기는 행복한 편이라고 말한다. 아무래도 내가 더 심한 듯하다. 차장님이 내 이야기에 위로를 받았듯, 여러분들에게도 이 책이 작은 위로가 되기를 바란다.

한 꼭지 한 꼭지 쓰면서 모르던 사실을 알게 됐다. 그전에는 아내 마음을 전혀 이해할 수 없었다. 왜 그렇게 생각하는지 도통 몰랐다. 글로 써보니 조금은 알 듯하다. 조금 보인다. 눈곱만큼 보인다. 아이들도 조금 알겠다. 감정에 사로잡혀 '나는 착한 놈 너는 나쁜 놈'이라는 생각이 강했다. 글로 옮기고 나니 아내도 보이고 나도 보였다. 아내를 원망하는 마음으로 시작한 첫 번째 노트가 부끄러워졌다.

하루아침에 달라지지는 않았다. 알게 됐을 뿐이다. 어떻게 해야 하는지는 여전히 숙제다. 무엇이 답인지 모른다. 지금도 답을 찾는 과정이다. 답이 없을 수도 있다. 그래도 괜찮다. 의미가 생겼다. 독서, 그림, 운동처럼 손에 잡히는 일부터 시작했다. 그런 경험이 우울증과 불안증에 빠진 나를 꺼내줬다. 저 깊은 곳에서 빠져나오니 아내가 서 있고 아이들이 보인다. 힘들어하는 중년들이 눈에 띈다. 나 같은 사람이 또 있다면, 이 책이 작은 도움이 되기를 바란다.

'진짜 나 만나기'는 책 읽기에서 시작한다. 그동안 읽은 374권을 제목만 뽑아 정리했다. 한 권의 책은 작은 우주다. 우리 모두 지금의 나를 만든 작은 우주를 공유하자.

...

#아이와함께자라는부모 #자존감은나의힘 #세상에서가장가난한대통령무히카 #고마워,내아이가되어줘서 #스스로깨어난자붓다 #도시는무엇으로사는가 #왜라는질문을하고어떻게라는법을찾아나서다 #40대,다시한번공부에미쳐라 #스타벅스는왜중국에서유료회원제를도입했을까? #중국의大전환,한국의大기회 #유리감옥 #미움받을용기 #쫄지마형사절차수사편 #인생의중요한순간에다시물어야할것들 #행복해질용기 #깨달음 #답답하면물어라 #지금여기깨어있기 #혼자있는시간의힘 #가슴에바로전달되는아들러식대화법 #차브 #1℃인문학 #참여감 #나미야잡화점의기적 #내안에서나를만드는것들 #지적대화를위한넓고얕은지식 #나는당신을봅니다 #엄마,주식사주세요 #개수작 #숲에서자본주의를껴안다 #오일의공포 #법륜스님의행복 #도올김용옥의금강경강해 #극락컴퍼니 #사다리걷어차기 #사랑하는안드레아 #얼굴,감출수없는내면의지도 #노후를위해집을이용하라 #사피엔스 #블리자드퀸텀점프 #완벽하지않은것들에대한사랑 #억만장자의고백 #보도섀퍼의돈 #세계경제의메가트렌드에주목하라 #미라클모닝 #레고어떻게무너진블록을다시쌓았나 #인생수업 #지적자본론 #부의추월차선 #심플,결정의조건 #나는돈이없어도경매를한다 #억만장자효과 #표현의기술 #나는왜똑같은생각만할까 #기획의정석 #인문학습관 #또라이들의시대 #대한민국부동산의미래 #누구나할수있는정진호의비주얼씽킹 #명견만리1 #닥치고정치 #유혹의학교 #바보빅터 #중년의배신 #총각네야채가게 #1만시간의법칙 #그럴때있으시죠? #환상적생각 #보이지않는집 #아트로드 #대통령의글쓰기 #감정을읽

어주는어른동화 #생각정리스킬 #아침글쓰기의힘 #지금시작하는힘 #삼박자투자법 #보노보노처럼살다니다행이야 #실패로부터배운다는것 #미움받을용기2 #대화의심리학 #룰라,소통의리더십을보여줘 #아무것도생각하지않기로했다 #왓칭 #나한테왜그래요? #물음표에서느낌표로 #당신의잠든부를깨워라 #호감스위치를켜라 #퇴사하겠습니다 #있는자리흩트리기 #6가지생각의기술 #하루1번목표를말하는습관 #이오력의글쓰기 #대통령의소풍 #영어책한권외워봤니? #한국의젊은부자들 #현복이의일기 #집으로출근 #거꾸로읽는세계사 #성공하는시간관리와인생관리를위한10가지자연법칙 #25시간으로하루를사는법 #하버드도서관24시 #공부의신,천개의시크릿 #시골의사의주식투자란무엇인가1 #시골의사의주식투자란무엇인가2 #위험한과학책 #주진우의이명박추격기 #CEO의다이어리엔뭔가비밀이있다 #한국경제,돈의배반이시작된다 #168시간일주일사용법 #엄마반성문 #무엇이우리를무능하게만드는가 #에브리씽애브리씽 #화내는당신에게 #불안을다스리는도구상자 #재능을만드는뇌신경연결의비밀 #하루한장리스트의힘 #디지털노마드 #명견만리2 #하루15분정리의힘 #어쩌다어른 #생각정리의기술 #하루한장리스트의힘 #1만권독서법 #맥킨지문제해결의기술 #횡설수설하지않고정확하게설명하는법 #신경끄기의기술 #매일심리학공부 #너에게들키고싶은혼잣말 #이동진독서법 #말의온도 #영초언니 #오늘도일을미루고말았다 #말투하나바꿨을뿐인데 #감정코치K #나는나로살기로했다 #분노의놀라운목적 #블랙코미디 #좋아하는일만하며재미있게살순없을까? #최고의휴식 #져주는대화 #모지스할머니,평범한삶의행복을그리다 #율곡인문학 #약해지지않는마음 #타이탄의도구들 #동전하나로도행복했던구멍가게의날들 #그나저나나는지금과도기인것같아요 #내문장이그렇게이상한가요? #제가좀별나긴합니다만… #잠자기전30분의기적 #이토록공부가재미있어지는순간 #오리진 #몰입 #죄송합니다품절입니다 #최고의설득 #그림으로떠나는무진기행 #듀얼해피니스 #통찰 #명상인문학 #시간을파는상점 #나는더이상회사에휘둘리지않기로했다 #서툰감정 #자존감 #빨강머리N #청춘의독서 #詩누이 #하브루타부모교육 #빅데이터분석으로미래가이루어진다 #린스타트업 #강성태66일공부법 #돌아오는길은언제나따뜻하겠지 #피터드러커의최고의질문 #그릿 #언어공부 #메모습관의힘 #1시간에1권퀀텀독서법 #시시하게살지않겠습니다 #실어증입니다,일하기싫어증 #버려진시간의힘 #아침5시의기적 #해빗스태킹 #슈퍼허브 #슬픔의밑바닥에서고양이가가르쳐준소중한 것 #차의시간 #물욕없는세계 #매일아침써봤니? #대리사회 #일단오늘은나한테잘합시다 #레버리지 #오늘,내마음이든고싶은말 #일취월장 #엘리트마인드 #마음보기연습 #무례한사람에게웃으며대처하는법 #나는오늘도소진되고있습니다 #축적의시간 #축적의길 #메모의재발견 #나는오늘도칼퇴근! #표현해야사랑이다 #영어그림책의기적 #공부하는힘 #읽기코칭을배우면공부가달라진다 #청춘멘토황선찬의의사이다 #삶을바꾸는10분자기경영 #독서천재가된홍팀장 #노트의기술 #창업네비게이션노트 #하우투워라밸 #말이통해야일이통한다 #디지털화폐전쟁 #죽음의수용소에서 #무조건달라진다 #핑크펭귄 #만화로읽는세계제국로마사 #절대영감 #아,보람따위됐으니야근수당이나주세요 #우리다시어딘가에서 #성과를지배하는바인더의힘 #뼛속까지내려가서써라 #주식투자ETF로시작하라 #90세작가의유쾌한인생탐구 #차라리혼자살걸그랬어 #잘했어요노트 #프레임 #돈의경영 #도쿄를만나는가장멋진방법:책방탐사 #아톰의시대에서코난의시대로 #숨결이바람될 때 #감정청소 #우리아이진짜독서 #옵션B #코끼리의마음 #젊은날의깨달음 #어쩌다어른2 #인생2라운드50년 #탁월한사유의시선 #하루3분,나만생각하는시간 #푸름아빠의아이내면의힘을키우는몰입독서 #행복을풀다 #은수저 #일독일행독서법 #공감제로 #거짓나침반 #메모의힘 #반농반X의삶 #책잘읽는방법 #생각클리어 #월든 #고수의질문법 #문장기술 #글쓰기의공중부양 #내편으로만들어라 #어떻게의욕을끌어낼것인가 #굿라이프 #아주작은반복의힘 #메모의기술 #위풍당당내인생에중심을잡다 #팀장의자격 #지금,혼자라면맹자를만나라 #저는인문학이처음인데요 #플랜트패러독스 #박경림의사람 #그때장자를만났다 #조선왕조실록1 #몸짓읽어주는여자 #끝맺음에서툰당신에게 #글쓰기의최전선 #기획자의습관 #나는사업이가장쉬워요 #역사의역사 #생각의탄생 #저절로몸에새겨지는몰입영어 #인생의차이를만드는독서법,본깨적 #열두발자국 #강안독서 #논어,직장인의미래를논하다 #내가글을쓰는이유 #어느날작가가되었습니다 #미친집중력 #잠들어있는시간을깨워라 #나는부동산투자로인생을아웃소싱했다 #강원국의글쓰기 #머니스크립트 #죽고싶지만떡볶이는먹고싶어 #꿈같은거없는데요 #나는알바로세상

271

을배웠다 #일생에한번은고수를만나라 #굿퀘스천 #트렌드코리아2019 #마흔,당신
의책을써라 #혁신가의질문 #하마터면열심히살뻔했다 #고수의일침 #아플수도없는
마흔이다 #질문이답을바꾼다 #뇌이야기 #질문도전략이다 #식사가잘못됐습니다 #
책쓰기가이렇게쉬울줄이야 #누가우리의일상을지배하는가 #처음부터잘쓰는사람은
없습니다 #그냥,글쓰기 #화내는엄마에게 #팬츠드렁크 #엄마자존감의힘 #동과서 #
하브루타질문놀이수업 #다산의마지막 공부 #앨리스,너만의길을그려봐 #기본에충
실한나라,독일에서배운다 #신뢰받는남자,신뢰받지못하는남자 #세상에이런마을에
서라라라 #나는팀장답게일하고있는가 #나는내성격이좋다 #다가오는말들 #장건강
하면심플하게산다 #당신이옳다 #탤런트코드 #지혜로운생활 #3개월사용법이인생
을바꾼다 #함부로대하는사람들에게조용히갚아주는법 #천재들의창조적습관 #질문
하고대화하는하브루타독서법 #어떻게읽을것인가 #질문의기술 #마흔세살에다시시
작하다 #나는오늘도경제적자유를꿈꾼다 #그레이트그레이 #생각읽는독서의힘 #역
설의역설 #조인트사고 #같이읽고함께살다 #배움을돈으로바꾸는기술 #내작은출판
사시작하기 #네가어떤삶을살든나는너를응원할 것이다 #놓치고싶지않은나의꿈나
의인생 #익숙한것과의결별 #출판고수정리노트 #어쩌다도구 #1日1行의기적 #기분
벗고주무시죠 #완벽한공부법 #책읽기가이렇게쉬울줄이야 #청소년을위한꿈꾸는다
락방 #평균의종말 #부자의행동습관 #책을내고싶은사람들의교과서 #여자의지갑 #
무기가되는스토리 #모임의기술 #한마디면충분하다 #의미부여의기술 #인생레시피
#그대,스스로를고용하라 #고수와의대화,생산성을말하다 #체육관으로간뇌과학자
#나는내가원하는삶을살고싶다 #나의월급독립프로젝트 #죽어도사장님이되어라 #
원씽 #부동산투자의정석 #곰탕1 #곰탕2 #상상,현실이되다 #가볍게산다 #스위치 #
디자인의가치 #쾌락독서 #1일30분 #브랜드가되어간다는 것 #어제보다더나답게일
하고싶다 #90년생이온다 #죽고싶지만떡볶이는먹고싶어2 #나도아직나를모른다